Lo que las plantas saben

Daniel Chamovitz

Lo que las plantas saben

Un estudio de los sentidos en el reino vegetal

Traducción de Gemma Deza Guil

Ariel

Título original:
What a Plant Knows:
A Field Guide to the Senses

Edición revisada por Daniel Chamovitz

Publicado con el acuerdo de Scientific American/Farrar,
Straus and Giroux, Nueva York

Primera edición: junio de 2019

© 2011, 2012 y 2017, Daniel Chamovitz
© 2019, Gemma Deza Guil, por la traducción

Derechos exclusivos de edición en español
reservados para todo el mundo
y propiedad de la traducción:
© 2019, Editorial Planeta, S. A.
Avda. Diagonal, 662-664, 08034 Barcelona
Editorial Ariel es un sello editorial de Planeta, S. A.
www.ariel.es

ISBN: 978-84-344-3105-8
Depósito legal: B. 9.041-2019

Impreso en España

El papel utilizado para la impresión de este libro está calificado como
papel ecológico y procede de bosques gestionados de manera sostenible.

No se permite la reproducción total o parcial de este libro, ni su incorporación
a un sistema informático, ni su transmisión en cualquier forma o por cualquier medio,
sea este electrónico, mecánico, por fotocopia, por grabación u otros métodos,
sin el permiso previo y por escrito del editor. La infracción de los derechos mencionados
puede ser constitutiva de delito contra la propiedad intelectual (Art. 270 y siguientes del Código Penal).
Diríjase a CEDRO (Centro Español de Derechos Reprográficos)
si necesita fotocopiar o escanear algún fragmento de esta obra.
Puede contactar con CEDRO a través de la web www.conlicencia.com
o por teléfono en el 91 702 19 70 / 93 272 04 47.

Para Shira, Eytan, Noam y Shani

Índice

Prólogo	11
1. ¿Qué ven las plantas?	17
2. ¿Qué huelen las plantas?	37
3. ¿Qué saborean las plantas?	59
4. ¿Qué notan las plantas?	79
5. ¿Qué oyen las plantas?	101
6. ¿Cómo sabe una planta dónde está?	125
7. ¿Qué recuerda una planta?	149
Epílogo: La planta consciente	171
Agradecimientos	179
Notas	183
Créditos de las ilustraciones	195
Índice alfabético	199

Prólogo

En los últimos años se ha multiplicado el interés por conocer los sentidos de las plantas. Y es lógico que este interés sea universal: al fin y al cabo, los humanos dependemos por completo de las plantas. Nos despertamos en una casa hecha de madera procedente de los bosques de Maine, nos servimos una taza de café elaborada con granos cultivados en Brasil, nos ponemos una camiseta confeccionada con algodón egipcio, imprimimos un informe en papel fabricado con eucaliptos cultivados en Tasmania y llevamos a nuestros hijos a la escuela en un coche que funciona con gasolina obtenida de cicas que perecieron hace millones de años y con neumáticos fabricados con caucho cultivado en África. Recurrimos a sustancias químicas extraídas de plantas para bajar la fiebre (la aspirina, sin ir más lejos) y para tratar el cáncer (Taxol). El trigo desencadenó el fin de una era y el amanecer de otra, y la humilde patata provocó migraciones masivas. Además, las plantas siguen inspirándonos y embelesándonos: las imponentes secuoyas son el organismo independiente singular de mayor tamaño que existe en la Tierra, las algas se cuentan entre los más pequeños, y no hay nadie que no sonría cuando le regalan una rosa.

Mi interés por comparar los sentidos de las plantas y del ser humano afloró siendo muy joven, cuando cursaba un posgrado en la Universidad de Yale, en la década de 1990. En aquel entonces estudiaba un proceso biológico específico de las plantas sin conexión con la biología humana (probablemente como reacción al hecho de que en mi familia hubiera seis médicos). De ahí que me atrajera la cuestión de cómo utilizan las plantas la luz para regular su desarrollo. En mis investigaciones descubrí un grupo único de genes necesario para que una planta determine si se encuentra en un entorno luminoso o en la oscuridad.[1] Para mi sorpresa, y en contra de todo pronóstico, más adelante averigüé que ese mismo grupo de genes también forma parte del ADN humano.[2] Y como no podía ser de otra manera, ello me llevó a plantearme qué función desempeñan en las personas esos genes supuestamente «específicos de las plantas». Muchos años después, y tras muchos estudios, sabemos que dichos genes no solo se conservan en las plantas y los animales, sino que en ambos casos regulan (entre otros procesos de desarrollo) la reacción a la luz.[3]

Constaté así que la diferencia genética entre las plantas y los animales no era tan significativa como yo había creído hasta entonces. Empecé a estudiar los paralelismos entre la biología vegetal y la humana, al tiempo que mi propia investigación se desviaba del estudio de las reacciones de las plantas a la luz hacia la leucemia en las moscas de la fruta. Y descubrí que, si bien no hay ninguna planta capaz de decir «¡tengo hambre!», sí hay muchas que «saben» bastantes cosas.

De hecho, tendemos a pasar por alto la maquinaria sensorial inmensamente sofisticada de las flores, plantas y árboles que crecen en cualquier huerto o jardín. A diferencia de la mayoría de los animales, que pueden escoger su entorno, guarecerse de una tormenta, buscar alimento o una pareja, e incluso migrar con el paso de las estaciones, las plantas están obligadas a adaptarse a un clima que cambia de continuo y a lidiar con sus vecinas usurpadoras y las plagas invasoras, ya que no pueden desplazarse en busca de un entorno más favorable. Ello las ha llevado a desarrollar sistemas reguladores y sensoriales complejos que les permiten modular su crecimiento en respuesta a unas condiciones cambiantes. Un olmo tiene que saber si su vecino le tapa el sol para poder abrirse camino y crecer en busca de la luz disponible. Un cogollo de lechuga tiene que saber si hay pulgones hambrientos a punto de devorarlo para protegerse generando sustancias químicas venenosas que erradican las plagas. Un abeto de Douglas tiene que saber si el viento que lo azota está agitando sus ramas para poder desarrollar un tronco más grueso. Y los cerezos tienen que saber cuándo florecer.

Desde el punto de vista genético, las plantas son más complejas que muchos animales, y algunos de los hallazgos biológicos más importantes han derivado de investigaciones realizadas en ellas. Robert Hooke descubrió las células en 1665, mientras estudiaba el corcho en un primitivo microscopio de fabricación artesanal. En el siglo XIX, Gregor Mendel descifró los principios de la genética moderna a partir de la planta del guisante y, a mediados del siglo XX, Barbara McClintock usó el maíz para demostrar que los genes pueden «transponerse» o saltar. Ahora sabemos que estos «genes saltarines» son una característica de todos los ADN y están estrechamente relacionados con el cáncer en los seres humanos. Y reconocemos a Darwin como el padre fundador de la teoría evolutiva moderna, por más que algunos de sus hallazgos más destacados se dieran en el ámbito de la botánica.

Soy consciente de que utilizo la palabra «saber» con un significado poco ortodoxo. Las plantas no poseen un sistema nervioso central ni un cerebro que coordine la información de todo su cuerpo. No obstante, diversas partes de los vegetales están íntimamente conectadas, y raíces, hojas, flores y tallos intercambian constantemente información relativa a la luz, las sustancias químicas ambientales y la temperatura, gracias a lo cual las plantas se adaptan a su entorno. No podemos equiparar el comportamiento humano con la forma de funcionar de las plantas en su reino, pero igualmente a lo largo de estas páginas utilizaré terminología que suele reservarse para la experiencia humana. Cuando investigo qué «ve» o «huele» una planta no estoy afirmando que las plantas tengan ojos o nariz (ni un cerebro que tiña de emoción las percepciones sensoriales). Sin embargo, creo que esta terminología nos permitirá concebir de otro modo la vista y el olfato, y también qué es una planta y, en última instancia, qué somos nosotros.

Mi libro no es *La vida secreta de las plantas*; si lo que busca es una tesis que defienda que las plantas son como nosotros, no la encontrará en estas páginas. Tal como señaló el destacado fisiólogo vegetal Arthur Galston en 1974, durante el punto álgido del interés por ese libro inmensamente popular pero científicamente anémico, debemos ser escépticos ante «afirmaciones extravagantes que no se fundamentan en evidencias».[4] *La vida secreta de las plantas* hizo algo peor que despistar al lector desprevenido: tuvo efectos colaterales para la ciencia, pues consiguió que la comunidad científica recelara de cualquier estudio que apuntara a la existencia de paralelismos entre los sentidos de los animales y los de las plantas y, por ende, obstaculizó que se realizaran investigaciones importantes acerca del comportamiento de estas.

Han transcurrido más de cuatro décadas desde que *La vida secreta de las plantas* causó un gran revuelo en los medios de comunicación, y en este tiempo la ciencia ha ampliado enormemente los conocimientos botánicos. En este libro analizaré los últimos estudios de investigación en la disciplina de la botánica y defenderé que, en efecto, las plantas tienen sentidos. Este libro no aspira a ser una revisión exhaustiva y completa de lo que la ciencia moderna sabe acerca de los sentidos de los vegetales, pues tal compendio de conocimiento solo cabría en un libro de texto que únicamente resultaría inteligible a los expertos. En lugar de ello, en cada capítulo destaco un sentido humano y comparo qué aporta dicho sentido a las personas y qué les aporta a las plantas. Describo cómo se percibe la información sensorial, cómo se procesa y cuáles son las implicaciones ecológicas de cada sentido para una planta. Y también en cada capítulo expongo tanto una perspectiva histórica como una visión moderna del tema.

Si somos conscientes del enorme valor que las plantas tienen para nosotros, ¿por qué no dedicar un momento a conocer algo de lo que la ciencia ha averiguado sobre ellas? Embarquémonos en un viaje de exploración científica que nos conduzca a las vidas interiores de las plantas. Empezaremos por desvelar qué ven las plantas que cuelgan en el jardín de casa.

1
¿Qué ven las plantas?

> Ella, aunque está fijada a la raíz, se vuelve
> de acuerdo con su Sol y, aun transformada,
> conserva su amor.
>
> OVIDIO, *Metamorfosis*

Piense en esto: las plantas le ven. De hecho, las plantas monitorizan su entorno visible en todo momento. Ven si alguien se les acerca o se cierne sobre ellas. Incluso saben si lleva puesta una camisa azul o roja. Saben si ha pintado la casa o si ha trasladado sus macetas de una parte del salón a otra.

Obviamente, no «ven» imágenes, como hacemos nosotros, ni distinguen a un hombre de mediana edad con gafas o a una niñita sonriente con rizos castaños. Pero sí perciben la luz en modos y colores que solo podemos aventurarnos a imaginar. Las plantas ven la luz ultravioleta que a nosotros nos provoca quemaduras solares y la luz infrarroja que nos calienta. Y saben discernir si hay una iluminación tenue, como la de una vela, si es pleno mediodía o si el sol está a punto de ponerse tras el horizonte. También saben si la luz procede de la izquierda, de la derecha o de arriba, si otra planta se ha hecho más alta que ellas y les tapa parte de la luz que recibían, y cuánto hace que están encendidas las luces.

¿Puede considerarse esto la «visión de las plantas»? Antes de determinarlo, examinemos qué entendemos por visión.

Imaginemos una persona ciega de nacimiento, una persona que vive en una oscuridad absoluta. Ahora imaginemos que a esa persona le dan la capacidad de discriminar entre la luz y la sombra. Podría diferenciar entre día y noche, entre interior y exterior. Esos nuevos sentidos, sin duda, se considerarían una visión rudimentaria que, sin embargo, le permitirían percibir cosas nuevas. Sumémosle que esa persona empieza a discernir colores: es capaz de distinguir que hay algo azul arriba y algo verde abajo. Evidentemente, sería una mejora con respecto a la oscuridad y a la capacidad de discernir solo el blanco o el gris. Creo que todos estaremos de acuerdo en que, en el caso de esa persona, el cambio fundamental de la ceguera absoluta a la posibilidad de distinguir colores se consideraría definitivamente «visión».

Podemos definir la «visión» como el sentido físico mediante el cual el cerebro interpreta los estímulos luminosos que recibe el ojo y construye una representación de la posición, la forma, el brillo y, normalmente, el color de los objetos en el espacio. Vemos la luz en lo que definimos como el «espectro visual». La luz corresponde a las ondas electromagnéticas del espectro visible. Ello implica que comparte propiedades con todos los demás tipos de señales eléctricas, como las microondas y las ondas hertzianas. Las ondas hertzianas de una emisora radiofónica AM son muy largas, de casi ochocientos metros de longitud. De ahí que las antenas de radio midan muchos metros de altura. En cambio, las ondas de rayos X son muy muy cortas, un billón de veces más cortas que las hertzianas, motivo por el cual son capaces de atravesar con facilidad nuestros cuerpos.

Las ondas luminosas se sitúan en un punto intermedio, entre los 0,0000004 y los 0,0000007 metros de longitud. La luz azul es la más corta; la roja, la más larga, y la verde, la amarilla y la naranja ocupan la franja central. (Ello explica que el patrón de colores del arcoíris siempre se oriente en la misma dirección: de los colores con ondas cortas, como el azul, hacia los colores con ondas largas, como el rojo.) «Vemos» estas ondas electromagnéticas porque nuestros ojos poseen unas proteínas especiales llamadas «fotorreceptores», que reciben esta energía y la absorben del mismo modo que una antena absorbe las ondas hertzianas.

La retina, la capa situada en la parte posterior de nuestros globos oculares, está recubierta de hileras e hileras de dichos fotorreceptores, un poco como las líneas de luces LED de los televisores de pantalla plana o los sensores de las cámaras digitales. Cada punto de la retina incorpora unos receptores fotosensibles llamados «bastones» y unos fotorreceptores llamados «conos» que reaccionan a los distintos colores de luz. Cada cono o bastón reacciona a la luz que se enfoca hacia él. La retina humana contiene alrededor de 125 millones de bastones y seis millones de conos, todo ello en una zona de las dimensiones de una fotografía de pasaporte. Sería el equivalente a una cámara fotográfica digital con una resolución de 130 megapíxeles. Esta inmensa cantidad de receptores en una zona tan reducida nos proporciona la elevada resolución visual que tenemos. A modo de comparación, las pantallas LED de exteriores de mayor resolución poseen unos 10.000 LED por metro cuadrado y las cámaras digitales de uso habitual ofrecen una resolución de solo ocho megapíxeles.

Los bastones son más sensibles a la luz y nos permiten ver de noche y en condiciones de baja luminosidad, pero no en color. Los conos, que se presentan en tres formatos (rojo, verde y azul), nos permiten discriminar los colores en la luz. La diferencia principal entre estos fotorreceptores es la sustancia química específica que contienen. Tales sustancias, llamadas «rodopsina» en los bastones y «fotopsinas» en los conos, presentan una estructura específica que les permite absorber luz de distintas longitudes de onda. La luz azul la absorben la rodopsina y la fotopsina azul, y la luz roja, la rodopsina y la fotopsina roja. La luz violeta la absorben la rodopsina, la fotopsina azul y la fotopsina roja, pero no la fotopsina verde, y así sucesivamente. Una vez el bastón o el cono absorbe la luz, envía una señal al cerebro, que procesa todas las señales procedentes de los millones de fotorreceptores y genera una única imagen coherente. La ceguera obedece a distintos defectos. Puede responder a un fallo en la percepción de la luz causado por un defecto físico de la estructura de la retina, a la incapacidad de percibir la luz (debido a problemas en la rodopsina y las fotopsinas, por ejemplo) o a un fallo en la transmisión de la información al cerebro. Las personas daltónicas que no ven el rojo, por ejemplo, carecen de conos rojos, de manera que sus ojos no asimilan las señales rojas ni las envían al cerebro. La visión humana depende de las células que absorben la luz, de cómo procesa el cerebro dicha información y de nuestra respuesta a ella. ¿Qué sucede en el caso de las plantas?

Darwin, el botánico

No todo el mundo sabe que durante los veinte años posteriores a la publicación de su obra cumbre, *El origen de las especies*, Charles Darwin llevó a cabo una serie de experimentos que siguen influyendo en la investigación botánica a día de hoy.

Tanto Darwin como su hijo sentían fascinación por la influencia de la luz en el crecimiento de las plantas. En su último libro, *Los movimientos y hábitos de las plantas trepadoras*, Darwin escribió: «Son escasísimas las plantas en las cuales alguna parte [...] no se combe hacia la luz lateral».[1] Dicho de otro modo, casi todas las plantas se doblan hacia la luz. Así lo apreciamos en las que tenemos en casa, que se curvan en busca de los rayos de sol que entran por las ventanas. Este comportamiento recibe el nombre de «fototropismo». En 1864, un coetáneo de Darwin, Julius von Sachs, descubrió que la luz azul es el color principal que induce el fototropismo en las plantas, mientras que estas suelen ser ciegas al resto de los colores, que apenas las afectan o las hacen cambiar de dirección. Pero a la sazón nadie sabía cómo o qué parte de una planta ve la luz que procede de una dirección concreta.

En un experimento muy sencillo, Darwin y su hijo demostraron que el hecho de que las plantas buscaran la luz no respondía a la fotosíntesis, el proceso mediante el cual las plantas transforman la luz en energía, sino a una sensibilidad inherente a moverse hacia la luz. Para su experimento, padre e hijo cultivaron alpiste en una maceta en una estancia completamente a oscuras durante varios días. A continuación alumbraron una pequeñísima lámpara de gas a tres metros y medio de la maceta y mantuvieron la llama tan tenue que «ni siquiera podían ver las plántulas ni una raya hecha con lápiz en un papel».[2] Pese a ello, al cabo de solo tres horas, las plantas se habían doblado hacia la tenue luz. Esa curvatura siempre ocurría en la misma parte de la plántula, unos dos centímetros y medio por debajo de la punta.

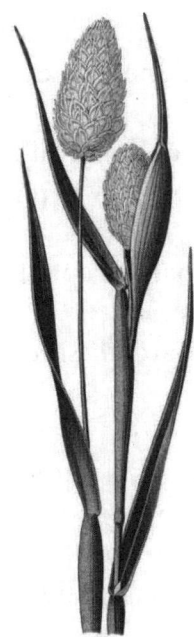

Alpiste (*Phalaris canariensis*)

Tal constatación les indujo a preguntarse qué parte de la planta veía la luz. Los Darwin llevaron a término un experimento que se convertiría en un clásico de la botánica. Partieron de la hipótesis de que los «ojos» de la planta se hallaban en su punta, en lugar de en la parte del tallo que se curva, y comprobaron el fototropismo en cinco plántulas diferentes, ilustradas en el diagrama siguiente:

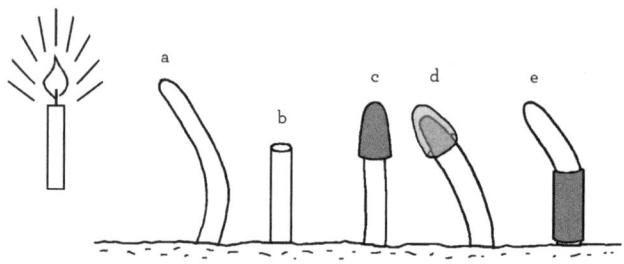

Resumen de los experimentos de los Darwin relativos al fototropismo

a. La primera plántula no recibió tratamiento y demuestra que las condiciones del experimento son conducentes al fototropismo.
b. A la segunda le podaron la punta.
c. A la tercera le cubrieron la punta con un capuchón opaco.
d. A la cuarta le cubrieron la punta con un capuchón de vidrio transparente.
e. Y a la quinta le forraron la sección media con un tubo opaco.

Llevaron a cabo el experimento en estas plántulas en las mismas condiciones que su experimento inicial y, como era previsible, la plántula no tratada se dobló hacia la luz. De manera similar, la plántula con el tubo opaco alrededor de la sección media (véase *e* arriba) se curvó hacia la luz. En cambio, si se cortaba la punta de una plántula o se cubría con un capuchón opaco, la planta quedaba cegada y no se doblaba hacia la luz. A continuación analizaron el comportamiento de la planta del cuarto supuesto (*d*), que continuaba buscando la luz pese a tener la punta cubierta con un capuchón. La diferencia en este caso radicaba en que se trataba de un capuchón transparente. Los Darwin constataron que el vidrio permitía que la punta de la planta recibiera luz. En un único experimento, publicado en 1880, Darwin padre e hijo demostraron que el fototropismo es una reacción a la incidencia de la luz en la punta del retoño, que ve la luz y transfiere la información a la sección media de la planta para indicarle que se curve en esa dirección. Los Darwin habían demostrado de manera satisfactoria la visión rudimentaria de las plantas.

El mamut de Maryland:
el tabaco que no dejaba de crecer

Varias décadas después brotó en los valles del sur de Maryland una nueva cepa de tabaco que reavivó el interés por cómo las plantas ven el mundo. Estos valles han acogido algunas de las mayores haciendas de tabaco de Estados Unidos desde que los primeros colonos se asentaron en ellos, a finales del siglo XVII. Los cultivadores de tabaco, que aprendieron de tribus indígenas como los conestoga, quienes llevaban siglos cultivando esta planta, sembraban su cosecha en primavera y la cosechaban a finales de verano. Algunas de las plantas no se recolectaban con el fin de que produjeran las flores que proporcionarían las semillas de la cosecha del año siguiente. En 1906, los agricultores apreciaron la existencia de una nueva cepa de tabaco que parecía no dejar de crecer nunca. Era capaz de alcanzar cuatro metros y medio de altura y de producir casi un centenar de hojas. Solo la detenían las heladas. En apariencia, una planta tan robusta y que no dejaba de crecer podría parecer una bendición. Pero, como suele ocurrir, esta nueva cepa, a la que apodaron con tino «el mamut de Maryland», era como el dios romano de dos caras, Jano: por un lado, crecía sin parar, pero, por el otro, rara vez florecía, lo cual implicaba que los agricultores no podían recoger semillas para la cosecha del año siguiente.

Tabaco (*Nicotiana tabacum*)

En 1918, Wightman W. Garner y Harry A. Allard, dos científicos del Departamento de Agricultura de Estados Unidos, se dispusieron a determinar por qué el mamut de Maryland no sabía cuándo dejar de producir hojas y empezar a dar flores y semillas.[3] Cultivaron la planta en tiestos y dejaron unos cuantos a la intemperie, en campo abierto. Las otras macetas se sacaban al campo durante el día y se trasladaban a un invernadero oscuro cada tarde. El simple hecho de limitar la cantidad de luz que recibían las plantas bastó para provocar que el mamut de Maryland dejara de crecer y floreciera. En otras palabras: si el mamut de Maryland quedaba expuesto a los largos días del verano, continuaba dando hojas; en cambio, si experimentaba de manera artificial días más cortos, florecía. Este fenómeno, denominado «fotoperiodicidad», aportó la primera prueba sólida de que las plantas procesan cuánta luz reciben.[4] Otros experimentos realizados en el transcurso de los años han revelado que muchas plantas, al igual que el mamut, florecen solo en las épocas de días cortos, de ahí que reciban el nombre de plantas «de día corto». Entre ellas figuran los crisantemos y la soja. Otras, en cambio, necesitan días largos para florecer. Los lirios y la cebada se consideran plantas «de día largo». Este descubrimiento permitió a los agricultores manipular la floración de acuerdo con su calendario controlando la luz que recibe cada planta. Así, los plantadores de Florida enseguida cayeron en la cuenta de que podían cultivar mamut de Maryland durante muchos meses (sin los efectos de las heladas que se padecían en Maryland) y aguardar a que finalmente las plantas florecieran en los campos a mediados de invierno, cuando los días son más cortos.

Días (cortos) que marcan la diferencia

El concepto de fotoperiodicidad desencadenó un frenesí de actividad entre la comunidad científica, que enseguida se formuló muchas otras preguntas: ¿calculan las plantas la longitud del día o de la noche? ¿Y qué color de la luz ven?

En torno a la Segunda Guerra Mundial, los científicos descubrieron que podían manipular el momento en el que florecían las plantas apagando y encendiendo luces en plena noche. Averiguaron que podían impedir que una planta de día corto como la soja floreciera en los días cortos con solo encender las luces unos minutos durante la madrugada. Y, por el contrario, podían provocar que una planta de día largo como el lirio floreciera incluso en pleno invierno (durante los días cortos, cuando de manera natural no lo haría) si durante la noche encendían las luces solo unos momentos. Estos experimentos demostraron que lo que mide una planta no es la longitud del día, sino la duración del período continuo de oscuridad.

Mediante esta técnica, los floricultores pueden impedir que los crisantemos florezcan hasta justo antes del Día de la Madre, momento idóneo para que irrumpan en la escena floral primaveral. Para los cultivadores de crisantemos supone un problema que el Día de la Madre caiga en primavera, porque esta flor florece en otoño, cuando los días se acortan. Por suerte, en los invernaderos puede evitarse que los crisantemos florezcan encendiendo las luces unos minutos en medio de la noche durante todo el otoño y el invierno. Y luego, ¡bum!, dos semanas antes del Día de la Madre, dejan de encender las luces de madrugada y todas las plantas florecen de golpe, a punto para ser cosechadas y enviadas a las floristerías.

Los científicos también sentían curiosidad por averiguar qué color de la luz veían las plantas. Y lo que descubrieron les sorprendió: todas las plantas, sin excepción, reaccionaban a los destellos de luz roja durante la noche.[5] La luz verde o azul no afectaba a su floración y, en cambio, unos instantes de exposición a luz roja sí lo hacía. Las plantas discriminaban entre colores: utilizaban la luz azul para saber en qué dirección curvarse y la luz roja para medir la duración de la noche.

Más adelante, a principios de la década de 1950, Harry Borthwick y sus colegas del laboratorio del Departamento de Agricultura de Estados Unidos, donde se estudió por primera vez el mamut de Maryland, realizaron el asombroso descubrimiento de que la luz roja extrema (la luz con longitudes de onda un poco más largas que la luz roja intensa, vista sobre todo durante el crepúsculo) podía anular el efecto de la luz roja en las plantas.[6] Para explicarlo de manera más clara: si se somete a unos lirios, que normalmente no florecen durante las largas noches, a una dosis de luz roja en plena madrugada, generan flores tan vivas y bonitas como cualquier lirio en una reserva natural. En cambio, si se les aplica luz roja extrema justo después de ese estímulo rojo, actúan como si no hubieran visto la luz roja, es decir, no florecen. Y si después de la luz roja extrema vuelve a irradiárseles luz roja, sí lo hacen. En caso de volvérseles a aplicar luz roja extrema, no lo harán. Y así sucesivamente. Cabe aclarar que no estamos hablando de irradiar mucha luz: basta con unos segundos de cualquiera de los colores. Vendría a ser una especie de interruptor activado por la luz: la luz roja desencadena la floración y la luz roja extrema la detiene. Si se acciona el interruptor muchas veces seguidas, no hay reacción. Desde un punto de vista filosófico podríamos afirmar que la planta recuerda el último color que ha visto.

Cuando John F. Kennedy fue elegido presidente de Estados Unidos, Warren L. Butler y sus colegas habían demostrado ya que un único fotorreceptor de las plantas era el responsable tanto de los efectos de la luz roja como de la luz roja extrema.[7] Bautizaron dicho receptor con el nombre de «fitocromo», que significa «color de la planta». En su versión más sencilla, el fitocromo es el interruptor accionado por la luz. La luz roja lo activa y lo convierte en una forma preparada para recibir la luz roja extrema. La luz roja extrema lo desactiva y lo convierte en una forma preparada para recibir la luz roja. En términos ecológicos, esto tiene todo el sentido del mundo. En la naturaleza, la última luz que ve una planta al final del día es la luz roja extrema, que le indica que se «apague». Por la mañana, la planta ve luz roja y despierta. De este modo, una planta mide cuánto hace que vio la última luz roja y ajusta su crecimiento en consecuencia. Pero ¿qué parte de la planta exactamente ve la luz roja y la luz roja extrema para regular la floración?

Los estudios acerca del fototropismo de Darwin revelaron que el «ojo» de una planta se encuentra en su punta, mientras que la reacción a la luz se produce en el tallo, lo cual llevaría a inducir que el «ojo» que provoca la fotoperiodicidad también se encuentra en la punta de la planta. Sorprendentemente, no es así. Si en plena noche se irradia un haz de luz en distintas partes de una planta se constata que basta con iluminar una única hoja para regular su floración. Por otro lado, si se podan todas las hojas y solo se conservan el tallo y el ápice, la planta queda cegada a los destellos lumínicos, incluso si se la ilumina por entero. Si el fitocromo de una sola hoja ve luz roja en medio de la noche, la planta reacciona como si se la hubiera iluminado entera. El fitocromo de las hojas recibe pistas de luz e inicia una señal móvil que se propaga por toda la planta e induce la floración.

Plantas ciegas en la era de la genética

Los humanos tenemos cuatro tipos de fotorreceptores en los ojos: la rodopsina para la luz y las sombras y las tres fotopsinas para el rojo, el azul y el verde. Además, también contamos como un quinto fotorreceptor denominado «criptocromo», encargado de regular nuestros relojes internos. Hasta el momento hemos visto que las plantas cuentan con múltiples fotorreceptores: ven la luz azul direccional, lo cual significa que al menos deben contar con un fotorreceptor de luz azul, hoy conocido como fototropina, y ven la luz roja y la luz roja extrema para florecer, cosa que indica la existencia de al menos un fotorreceptor fitocromo. Ahora bien, para poder determinar cuántos fotorreceptores poseen las plantas, los científicos tuvieron que aguardar a la era de la genética molecular, que dio comienzo varias décadas después del descubrimiento del fitocromo.

Fue Maarten Koornneef, de la Universidad de Wageningen, en los Países Bajos, quien abanderó la disciplina a principios de la década de 1980.[8] Tras ello, su planteamiento fue replicado y refinado en multitud de laboratorios, donde se aplicó la genética para entender la visión de las plantas.

Koornneef formuló una sencilla pregunta: ¿cómo sería una planta «ciega»? Las plantas que crecen en la oscuridad o en condiciones de baja luminosidad son más altas que las que crecen a plena luz. Si cuando estudiaba primaria realizó el experimento de ciencia de plantar judías, sabrá que las plantas cultivadas en la taquilla de la escuela crecían altas, larguiruchas y amarillas, mientras que las cultivadas en el patio eran más bajitas, pero también más vigorosas y verdes. Es lógico que las plantas se alarguen en la oscuridad, porque intentan salir del suelo para ir en busca de la luz o, si están en la penumbra, abrirse paso hacia un lugar donde reciban luz directa. Koornneef pensó que, si encontraba una planta mutante ciega, es posible que esta creciera también más de lo normal a plena luz. Y si era capaz de identificar y cultivar plantas mutantes ciegas, podría usar la genética para averiguar qué les sucedía.

Llevó a cabo sus experimentos con *Arabidopsis thaliana*, una pequeña planta de laboratorio parecida a la mostaza de campo. Trató un lote de semillas de arabidopsis con sustancias químicas conocidas por inducir mutaciones en el ADN (y también por causar cáncer a las ratas de laboratorio) y las cultivó bajo luz de distintos colores a la espera de que brotaran plántulas mutantes más altas que las demás. Y brotaron en gran número. Algunas prosperaban más bajo la luz azul y, en cambio, presentaban una altura normal bajo la luz roja. Otras se hacían más altas bajo la luz roja y, por contra, se desarrollaban con normalidad bajo la azul. También las había que alcanzaban una mayor altura bajo la luz ultravioleta, mientras que presentaban una altura normal bajo las demás luces, y las había que se hacían más altas bajo las luces roja y azul. Unas cuantas solo alcanzaban una mayor altura bajo una luz tenue y otras lo hacían solo en condiciones de mucha luminosidad.

Arabidopsis u oruga (*Arabidopsis thaliana*)

Muchas de aquellas plantas mutantes ciegas a colores específicos de luz presentaban defectos en los fotorreceptores concretos que absorben esa luz. Una planta que carecía de fitocromo crecía bajo la luz roja como si se encontrara en la oscuridad. Y, sorprendentemente, unos cuantos fotorreceptores se presentaban en pares: uno de ellos específico para la luz tenue y el otro para la luz intensa. Para abreviar, ahora sabemos que la arabidopsis tiene al menos once fotorreceptores: algunos indican a la planta cuándo germinar, otros cuándo curvarse hacia la luz, otros cuándo florecer y otros cuándo es de noche.[9] También los hay que le comunican que está recibiendo mucha luz, otros que le señalan que la luz es tenue y otros que la ayudan a seguir el ritmo.*

* Para ser más específicos, la arabidopsis tiene al menos once fotorreceptores distintos que se enmarcan en cinco categorías (fototropinas, fitocromos y criptocromos, más dos clases adicionales). Otras plantas también poseen estas cinco categorías, pero pueden tener más o menos miembros de cada una de ellas.

De manera que la visión de las plantas es mucho más compleja que la de los humanos en lo que a percepción se refiere. De hecho, para una planta, la luz es mucho más que una señal: las plantas necesitan luz para alimentarse. Y también utilizan la luz para transformar el agua y el dióxido de carbono en los azúcares que, a su vez, proporcionan alimento a los animales. A todo ello se suma que las plantas son organismos sésiles, inmóviles. Arraigan literalmente en un lugar y no pueden emigrar en busca de comida. Para compensar esta vida sésil deben contar con la capacidad de buscar y captar luz. Ello implica que necesitan saber dónde está la luz y, en lugar de desplazarse hacia el alimento, como haría un animal, crecer hacia su fuente de energía.

Una planta precisa saber si hay otra que la sobrepasa en altura y le tapa la luz necesaria para hacer la fotosíntesis. Si percibe que está en la sombra, multiplicará su crecimiento para emerger de ella. Además, las plantas necesitan sobrevivir, lo cual significa que necesitan saber cuándo «incubar» sus semillas y cuándo reproducirse. Muchos tipos de plantas empiezan a crecer en primavera, que es también la estación de cría de muchos mamíferos. ¿Cómo saben las plantas que ha llegado la primavera? El fitocromo les revela que los días se alargan progresivamente. Asimismo, las plantas florecen y dejan caer sus semillas en otoño, antes de las nieves. ¿Cómo saben que es otoño? El fitocromo les indica que las noches se dilatan cada vez más.

¿QUÉ VEN LAS PLANTAS Y LOS HUMANOS?

Las plantas necesitan ser conscientes del entorno visual dinámico que las rodea para sobrevivir. Necesitan saber la dirección, la cantidad, la duración y el color de la luz. No cabe duda de que detectan ondas electromagnéticas visibles (e invisibles). A diferencia de los humanos, que únicamente somos capaces de detectar ondas electromagnéticas en un espectro relativamente limitado, las plantas detectan ondas tanto más cortas como más largas. Ahora bien, aunque ven un espectro mucho más amplio que nosotros, no ven en imágenes. Las plantas carecen de un sistema nervioso que traduzca las señales lumínicas en imágenes. En lugar de ello, traducen las señales de la luz en pistas para su crecimiento. Las plantas no tienen ojos, de la misma manera que nosotros no tenemos hojas.[*, 10]

Pero ambos detectamos la luz.

La visión es la capacidad no solo de detectar las ondas electromagnéticas, sino de reaccionar a estas. Los bastones y los conos de la retina de los seres humanos detectan la señal luminosa y transfieren dicha información al cerebro, que provoca una reacción. Las plantas también traducen la señal visual en una instrucción fisiológica reconocible. No bastaba con que las plantas de Darwin vieran la luz con sus puntas, sino que tenían que absorberla y traducirla de algún modo en una orden que impulsara a la planta a curvarse. Tenían que «reaccionar» a la luz. Las señales complejas emitidas por los múltiples fotorreceptores permiten a las plantas modular de manera óptima su crecimiento en entornos cambiantes, tal como nuestros cuatro fotorreceptores posibilitan que nuestro cerebro forme imágenes que nos permitan interpretar y responder a nuestro entorno variable.

Para ofrecer una perspectiva más amplia de las cosas: el fitocromo de las plantas y la fotopsina roja humana no son el mismo fotorreceptor; si bien ambos absorben la luz roja, son proteínas distintas con composiciones químicas distintas. Lo que nosotros vemos está mediado por fotorreceptores solo presentes en otros animales. Lo que ve un narciso está filtra-

---

* Las algas verdes, las formas más primitivas de plantas, tienen un orgánulo llamado «mancha ocular» (o estigma) que permite a sus células percibir los cambios en la dirección y la intensidad de la luz. Dichas manchas oculares o estigmas se han considerado las formas más simples de ojos que existen en la naturaleza.

do por fotorreceptores exclusivos de las plantas. Ahora bien, los fotorreceptores de las plantas y los humanos se parecen en que todos contienen una proteína conectada a un tinte químico que absorbe la luz; tales son las limitaciones físicas que un fotorreceptor precisa para funcionar.

Con todo, no hay regla sin excepción y, a pesar de los miles de millones de años de evolución independiente, los sistemas visuales vegetal y animal tienen ciertas cosas en común. Tanto animales como plantas poseen unos receptores a la luz azul denominados «criptocromos».[*, 11, 12] El criptocromo no influye en el fototropismo de las plantas, pero desempeña otros roles en la regulación de su crecimiento, como el control de su reloj interno. Las plantas, al igual que los animales, poseen un reloj interno denominado «reloj circadiano», que está sintonizado con los ciclos del día y la noche. En nuestro caso, este reloj regula toda nuestra vida, desde cuándo tenemos hambre hasta cuándo necesitamos usar el cuarto de baño, cuándo estamos cansados y cuándo nos sentimos enérgicos. Estos cambios diarios en el comportamiento del cuerpo reciben el nombre de «ritmos circadianos», porque mantienen un ciclo aproximado de veinticuatro ho-

---

* El nombre «criptocromo» en realidad se debe a una broma hecha por Jonathan Gressel con respecto al Instituto Weizmann. Gressel había estado estudiando las reacciones a la luz azul en un grupo de organismos que incluían líquenes, musgos, helechos y algas, también llamadas «plantas criptógamas» (designación que sería relevante, tal como veremos enseguida). No obstante, al igual que el resto de los investigadores que estudiaban los efectos de la luz azul en distintos seres vivos, Gressel desconocía cuál era el receptor de la luz azul. A pesar de que se habían realizado varios intentos en el transcurso de las décadas, no se había conseguido aislar este receptor, que presentaba una naturaleza críptica. Gressel, un aficionado a los juegos de palabras desvergonzado, sugirió denominar este fotorreceptor no identificado «criptocromo». Para disgusto de muchos de sus colegas, su broma se incorporó a la nomenclatura científica, por más que el criptocromo ya no sea un elemento críptico, pues finalmente se aisló en 1993.

ras incluso aunque nos encerremos en una habitación que no recibe nunca la luz del sol. Volar al otro lado del mundo hace que el reloj circadiano de los seres humanos pierda la sincronía con las señales diurnas y nocturnas, un fenómeno que conocemos como jet lag. La exposición a luz reajusta el reloj circadiano, pero tarda unos cuantos días en hacerlo. Ello explica por qué pasar tiempo al aire libre de día hace que nos recuperemos del jet lag más rápidamente que quedándonos en una habitación de hotel a oscuras.

El criptocromo es el receptor de la luz azul principalmente responsable de reajustar nuestro reloj circadiano. El criptocromo absorbe la luz azul e indica a la célula que es de día. Las plantas también poseen relojes circadianos que regulan muchos de sus procesos, incluidos los movimientos de las hojas y la fotosíntesis. Si alteramos de manera artificial el ciclo de día y noche de la planta, esta también experimenta *jet lag* (aunque no se pone de mal humor) y tarda unos cuantos días en amoldarse. Por ejemplo, si las hojas de una planta normalmente se cierran a última hora de la tarde y se abren por la mañana, invertir su ciclo de luz y oscuridad en un principio hará que sus hojas se abran en la oscuridad (en el momento que antes era de día) y se cierren cuando hay luz (cuando antes era de noche). Este despliegue y repliegue de las hojas se reajustará a los nuevos patrones de luz y oscuridad al cabo de pocos días.

El criptocromo de la planta, como el de las moscas de la fruta o de los ratones, desempeña una función esencial en la coordinación de la luz exterior con el reloj interno.[13] En lo tocante a este nivel básico de control de los ritmos circadianos mediante la luz azul, en esencia las plantas y los humanos «ven» de la misma manera. Desde una perspectiva evolutiva, esta fascinante forma de conservación de la función del criptocromo en realidad no resulta tan sorprendente. Los relojes circadianos evolucionaron inicialmente en organismos unicelulares, antes de la división entre reinos animal y vegetal. Es probable que estos relojes originales protegieran las células de los daños provocados por la radiación ultravioleta alta. En este reloj primigenio, un criptocromo ancestral monitorizaba el entorno lumínico y relegaba la división celular a la noche. Aún hoy la mayoría de los organismos unicelulares, incluso las bacterias y los hongos, poseen relojes relativamente simples. La evolución de la percepción de la luz evolucionó a partir de este fotorreceptor otrora común a todos los organismos y se escindió en dos sistemas visuales distintos que diferencian a las plantas de los animales. Ahora bien, lo que puede resultar más sorprendente es que las plantas también huelen…

2

¿Qué huelen las plantas?

> Se sabe que las piedras se han movido y los árboles hablado.
>
> SHAKESPEARE, *Macbeth*

Las plantas huelen. Obviamente, las plantas desprenden fragancias que atraen a los animales y los seres humanos, pero, además, también perciben su propio olor y el de las plantas que las rodean. Saben cuándo madura su fruto, cuándo las cizallas de un jardinero han podado la planta contigua o cuándo un bicho hambriento está devorando a su vecina. Lo huelen. Algunas incluso son capaces de distinguir la fragancia de un tomate del olor del trigo. A diferencia del amplio espectro de información visual que experimenta una planta, su rango olfativo es limitado, pero también es muy sensible y transmite abundante información al organismo vivo.

Si se consulta la palabra «olfato» en un diccionario estándar actual, se comprobará que se define como «la capacidad de percibir aromas u olores mediante estímulos que afectan a los nervios olfativos». Dichos nervios conectan los receptores olfativos de la nariz con el cerebro. En el olfato, los estímulos son pequeñas moléculas que se disuelven en el aire. En el olfato humano participan las células de la nariz, que perciben las sustancias químicas que transporta el aire, y el cerebro, que procesa esta información para que reaccionemos a los distintos olores. Si se abre un frasco de Chanel N° 5 en una estancia, por ejemplo, el perfume llega hasta la otra punta, porque determinadas sustancias químicas se evaporan y se dispersan en el aire. La cantidad de moléculas presentes es ínfima, pero nuestra nariz posee miles de receptores que reaccionan de manera específica a distintas sustancias químicas. Basta con que una molécula conecte con un receptor para percibir un nuevo olor.

El mecanismo del cuerpo para percibir olores difiere del implicado en la percepción de la luz. Tal como hemos visto en el capítulo anterior, para ver un espectro cromático completo solo precisamos cuatro clases de fotorreceptores, que distinguen entre el rojo, el verde, el azul y el blanco. En cambio, en el olfato intervienen centenares de tipos de receptores, cada uno de ellos diseñado específicamente para procesar una única sustancia química volátil.

La conexión entre un receptor olfativo de la nariz y una sustancia química es equiparable a un sistema de cerradura y llave. Cada sustancia química presenta una forma que encaja en un receptor de proteínas específico, tal como una llave posee una estructura única que encaja en una cerradura concreta. Cada sustancia química única se vincula con un único receptor, a raíz de lo cual se desencadena una cascada de señales que hacen que se active un nervio en el cerebro y nos comunique qué receptor se ha estimulado. Esto lo interpretamos como un olor particular. Los científicos han clasificado centenares de sustancias aromáticas individuales, como el mentol (el principal componente aromático de la menta) y la putrescina (responsable del hedor que emana de la carne corrompida). Ahora bien, cabe aclarar que casi todos los olores resultan de la mezcla de varias sustancias químicas. Así, aunque el olor de la menta se deba en una mitad aproximada al mentol, el resto responde a una combinación de más de treinta sustancias químicas adicionales. De ahí que podamos describir el aroma de una salsa de espaguetis deliciosa, el buqué de un vino tinto intenso o el olor de un bebé recién nacido de modos tan dispares.

¿Qué ocurre entonces en una planta? La definición que el diccionario da de «olfato» excluye a las plantas de este debate. Quedan fuera de lo que tradicionalmente entendemos como mundo olfativo porque carecen de sistema nervioso y, como es obvio, en su proceso no interviene la nariz. Pero supongamos que modulamos esta definición de manera que el olfato pase a ser la «capacidad de percibir el olor mediante estímulos». Las plantas no solo perciben olores que las ayudan a remediar situaciones. ¿Qué fragancias detectan y qué olores influyen en su comportamiento?

Fenómenos sin explicación

Mi abuela no estudió botánica ni arquitectura, ni siquiera acabó el instituto, pero sabía que podía agarrar un aguacate duro y ablandarlo metiéndolo en una bolsa de papel de estraza junto con un plátano maduro. Aprendió este truco de magia de su madre, que a su vez lo aprendió de su madre, y así sucesivamente. De hecho, esta práctica se remonta a la Antigüedad. Las culturas ancestrales contaban con diversos métodos para madurar la fruta: los egipcios rajaban unos pocos higos para madurar un montón de ellos y en la antigua China se quemaba incienso ritual en las despensas para madurar peras.

En los albores del siglo XX, los agricultores de Florida maduraban los cítricos en cobertizos calentados con keroseno. Aquellos hombres de campo estaban seguros de que el calor inducía la maduración y, por supuesto, su conclusión suena lógica. De ahí que no cueste imaginar su consternación cuando enchufaron varios radiadores eléctricos cerca de los cítricos y descubrieron que las frutas se mostraban reacias a cooperar. Entonces, si no era el calor, ¿era posible que la maduración por arte de magia la provocara el keroseno?

Resultó ser que sí. En 1924, Frank E. Denny, un científico del Departamento de Agricultura de Estados Unidos, demostró que el humo del keroseno contiene cantidades ínfimas de una molécula llamada «etileno» y que tratar cualquier fruta con gas etileno puro basta para inducir su maduración.[1] Los limones que estudió eran tan sensibles al etileno que reaccionaban a una cantidad minúscula en el aire, con una proporción de 1 entre 100 millones. En la misma línea, resulta que el humo del incienso chino también contenía etileno. De ahí que un modelo científico simple pudiera presuponer que la fruta «huele» cantidades diminutas de etileno en el humo y traduce ese olor en una maduración rápida. Nosotros olemos el olor de la barbacoa del vecino y salivamos; una planta detecta etileno en el aire y se ablanda.

Ahora bien, esta explicación no responde a dos preguntas importantes. En primer lugar, ¿por qué reaccionan las plantas al etileno del humo? Y, en segundo, ¿qué pasaba cuando mi abuela metía dos frutas juntas en una bolsa o cuando los egipcios rajaban higos? Experimentos llevados a cabo por Richard Gane en Cambridge en la década de 1930 apuntan a algunas de las respuestas. Gane analizó el aire del entorno inmediato de unas manzanas en maduración y averiguó que contenía etileno.[2] Un año después de su pionero trabajo, un grupo del Boyce Thompson Institute de la Cornell University propuso que el etileno es la hormona vegetal universal responsable de la maduración de las frutas. De hecho, numerosos estudios posteriores han revelado que todas las frutas, incluidos los higos, desprenden este compuesto orgánico. De manera que no solo el humo contiene etileno, sino que las frutas normales también emiten este gas. Cuando los egipcios rajaban higos, permitían que emanara fácilmente gas etileno. Y si metemos un plátano maduro dentro una bolsa con una pera verde, por ejemplo, el plátano desprende etileno, la pera lo «huele» y madura. Ambas frutas se comunican sus estados físicos entre sí.

Por supuesto, las señales de etileno entre las frutas no evolucionaron para que los humanos pudiéramos disfrutar de peras perfectamente maduras cuando nos place. Esta hormona evolucionó con el fin de regular las reacciones de las plantas a las tensiones ambientales, como la sequía o las magulladuras, y todas las plantas la producen de manera natural durante todo su ciclo vital (incluidos los musgos pequeños). Pero el etileno reviste especial importancia para el envejecimiento de las plantas, pues es el principal regulador de senescencia de las hojas (el proceso de envejecimiento causante del follaje otoñal), y se produce en cantidades copiosas al madurar la fruta. El etileno que emiten las manzanas no solo garantiza una maduración uniforme de todas las frutas de un árbol, sino también de las de los manzanos vecinos, que a su vez desprenden más etileno y provocan una cascada de maduración. Desde una perspectiva ecológica, esto presenta la ventaja de garantizar también la dispersión de semillas. Los animales sienten predilección por las frutas «listas para comer», como melocotones y bayas. Así, la disponibilidad de frutas blandas provocada por la ola inducida por el etileno ofrece un mercado fácil de identificar a los animales, que dispersan las semillas como parte del curso natural de sus vidas.

La búsqueda de comida

La *Cuscuta pentagona* no es una planta cualquiera. Se trata de una enredadera naranja y flacucha que puede alcanzar casi un metro de altura, produce unas florecillas blancas de cinco pétalos y está presente en toda Norteamérica. La unicidad de la cuscuta radica en que carece de hojas y no es verde, porque no tiene clorofila, el pigmento que absorbe la energía solar y permite a las plantas transformar la luz en azúcares y oxígeno mediante la fotosíntesis. Obviamente, a diferencia de la mayoría de las plantas, la cuscuta no realiza la fotosíntesis, de manera que no produce su propio alimento mediante la luz. Partiendo de esta base, lo lógico sería pensar que la cuscuta muere de hambre, pero resulta que prospera muy bien. De hecho, tiene otro *modus vivendi*: obtiene su alimento de las plantas vecinas. Es una planta parasitaria. Para sobrevivir, la cuscuta se adhiere a una planta huésped y succiona los nutrientes que esta le proporciona introduciéndole un apéndice en el sistema vascular. De ahí que la cuscuta, también llamada «cabellos de capuchino», sea un fastidio para la agricultura e incluso haya sido clasificada como «mala hierba nociva» por el Departamento de Agricultura de Estados Unidos. Ahora bien, lo que hace realmente fascinante la cuscuta es que tiene preferencias culinarias: escoge a qué vecinas atacar.

Antes de explorar los gustos culinarios específicos y refinados de la cuscuta, veamos cómo empieza su vida parasitaria. Las semillas de la cuscuta germinan como las de cualquier otra planta. Una vez en el suelo, la semilla se abre y brota un nuevo retoño en el aire, mientras que la nueva raíz excava el suelo. Pero si una plántula de cuscuta no encuentra rápidamente una planta huésped de la que vivir, muere. Conforme el retoño crece, va haciendo pequeños círculos con la punta sondeando el entorno para determinar hacia dónde dirigirse, tal como nosotros nos movemos a tientas cuando nos vendan los ojos o buscamos el interruptor de la luz de la cocina en plena noche. Si bien estos movimientos a simple vista parecen aleatorios, si una cuscuta se encuentra junto a otra planta (por ejemplo, un tomate), enseguida se aprecia que se curva, crece y rota en la dirección de la tomatera que le proporcionará sustento. Ahora bien, en lugar de tocar la hoja, la cuscuta penetra en el suelo y avanza hasta encontrar el tallo de la tomatera. En un acto final de triunfo, se enrosca alrededor del tallo, envía microproyecciones al líber de la tomatera (los vasos que transportan la savia azucarada de la planta) y empieza a extraer los azúcares para poder seguir creciendo y, con el tiempo, florecer. ¡Y claro, la tomatera se marchita mientras la cuscuta prospera!

Cuscuta o cabellos de capuchino (*Cuscuta pentagona*)

Consuelo De Moraes documentó este comportamiento en vídeo.* El interés principal de esta entomóloga de la Penn State University es entender las señales químicas volátiles entre insectos y plantas y entre plantas. Uno de sus proyectos se centraba en averiguar cómo localiza la cuscuta a su presa.[3] Y demostró que las enredaderas de esta planta nunca crecían en dirección a macetas vacías o con plantas artificiales, sino siempre en dirección a tomateras, al margen de dónde las ubicara, a plena luz, en la sombra, donde fuera. De Moraes planteó la hipótesis de que la cuscuta «oliera» el tomate. Para comprobarla, sus alumnos y ella colocaron una cuscuta en un tiesto dentro de una caja cerrada y una tomatera en una segunda caja cerrada. Conectaron ambas cajas a través de un tubo que se introducía en la caja de la cuscuta por un lado y permitía la circulación del aire entre ambas cajas. La cuscuta aislada siempre crecía en dirección

* Para apreciarlo de verdad, le recomiendo que lo vea con sus propios ojos: <www.youtube.com/watch?v=NDMXvwa0D9E>.

al tubo, lo cual sugiere que la tomatera emitía un olor que penetraba en la caja de la cuscuta a través de este y que estimulaba a la planta.

Si la cuscuta se guiaba por el olor de la tomatera, entonces tal vez De Moraes pudiera elaborar un perfume de tomate y comprobar si conseguía engañar a la planta. Y así fue como creó una *eau de tomate* a base de extracto del tallo de la tomatera e impregnó con ella unos hisopos de algodón que colocó clavados en palos en macetas cerca de la cuscuta. A modo de control, empapó otros hisopos en algunos de los solventes que había utilizado para hacer el perfume y clavó los palitos también junto a la cuscuta. Tal como había previsto, embaucó a la planta para que, convencida de ir en busca de alimento, creciera en dirección al algodón que desprendía el perfume de tomate, y en cambio no hacia los hisopos con los solventes.

No cabe duda de que la cuscuta es capaz de oler una planta para buscar alimento. Sin embargo, tal como he explicado con anterioridad, esta mala hierba tiene, además, sus preferencias. Si puede optar entre una tomatera o trigo, elige la primera. Si se la cultiva en un punto equidistante entre dos macetas, una con trigo y la otra con una tomatera, la cuscuta va en busca de la segunda. Incluso si lo que se usan son fragancias, en lugar de plantas, la cuscuta prefiere la *eau de tomate* a la *eau de trigo*.

Desde un punto de vista químico, la *eau de tomate* y la *eau de trigo* son bastante similares. Ambas contienen beta-mirceno, un compuesto volátil (uno de los centenares de olores químicos únicos conocidos) que por sí solo puede inducir a la cuscuta a crecer en dirección a él. ¿A qué responde tal preferencia? Una hipótesis clara apunta a que reacciona a la complejidad del olor. Además de beta-mirceno, la tomatera desprende otras dos sustancias químicas volátiles que atraen a la cuscuta, motivo que la convierte en una fragancia irresistible para esta. En cambio, el trigo solo contiene un aroma que atraiga a la cuscuta, el beta-mirceno, pero no los otros dos hallados en la tomatera. Es más, el trigo no solo desprende menos olores atractivos, sino que, además, genera acetato de cis-3-hexenilo, una sustancia que repele a la cuscuta más de lo que la atrae el beta-mirceno. De hecho, la cuscuta crece alejándose del acetato de cis-3-hexenilo, pues el trigo le resulta, sencillamente, repulsivo.

ÁRBOLES PARLANTES

En 1983, dos equipos de científicos publicaron un hallazgo extraordinario relativo a la comunicación entre las plantas que revolucionó la comprensión del mundo vegetal, desde el sauce hasta la judía de Lima. Revelaron que los árboles se advierten entre sí de los ataques inminentes de insectos devoradores de hojas. Los resultados son bastante incontestables y sus implicaciones, asombrosas. Las noticias sobre sus investigaciones no tardaron en propagarse en la cultura popular, donde la idea de los «árboles parlantes» se abrió paso no solo hasta las páginas de *Science*, sino de muchos diarios generalistas de todo el mundo.

David Rhoades y Gordon Orians, dos científicos de la Universidad de Washington, constataron que las probabilidades de que las orugas se alimentaran de las hojas de un sauce disminuían si este se hallaba junto a sauces ya infestados. Los árboles sanos vecinos se volvían resistentes a las orugas porque, según descubrió Rhoades, las hojas de los árboles resistentes (y en cambio no las de los vulnerables aislados de los ya plagados) contenían sustancias químicas fenólicas y tánicas que las hacían incomestibles para los insectos.[4] Y ante la incapacidad de los científicos para detectar conexiones físicas entre los árboles dañados y sus vecinos sanos (no compartían raíces y sus ramas no se tocaban), Rhoades planteó que los plagados debían de enviar algún mensaje a los sanos mediante feromonas aerotransportadas. En otras palabras, que los árboles infestados indicaban a sus vecinos sanos: «¡Cuidado! ¡Protegeos!».

Sauce blanco (*Salix alba*)

Apenas tres meses después, los investigadores de Dartmouth Ian Baldwin y Jack Schultz publicaron un artículo trascendental que apuntalaba la hipótesis de Rhoades.[5] Baldwin y Schultz habían estado en contacto con Rhoades y diseñaron un experimento para llevarlo a cabo en condiciones con un elevado grado de control, en lugar de monitorizar árboles en plena naturaleza, tal como habían hecho Rhoades y Orians. Estudiaron plántulas de álamo y arce azucarero (de unos 25 centímetros de altura) cultivadas en cajas de plexiglás herméticas. Utilizaron dos cajas para su experimento. La primera contenía dos poblaciones de árboles: quince con dos hojas rasgadas por la mitad y quince intactos. La segunda contenía los árboles de control, que, por supuesto, no presentaban daños. Dos días después, las hojas restantes de los árboles dañados contenían niveles superiores de diversas sustancias químicas, incluidos compuestos fenólicos y tánicos tóxicos conocidos por inhibir el crecimiento de las orugas. Los árboles de la caja de control no registraban un aumento de ninguno de dichos compuestos. El resultado relevante en este caso era que las hojas de los árboles «intactos» que compartían caja con los dañados también presentaban un incremento notable de compuestos fenólicos y tánicos. Baldwin y Schultz formularon la hipótesis de que las hojas dañadas, tanto las rasgadas adrede de su experimento como las devoradas por insectos en las observaciones de los sauces de Rhoades, emitían una señal gaseosa que permitía a los árboles afectados comunicarles a los sanos que se defendieran del ataque inminente de los insectos.

Álamo blanco (*Populus alba*)

Estos primeros estudios acerca de la señalización vegetal fueron desestimados por otras personas de la comunidad científica, quienes alegaban que carecían de los controles adecuados o bien que contenían resultados correctos, pero deducciones exageradas.[6] En paralelo, la prensa popular sucumbió a la idea de los «árboles parlantes» y antropomorfizó las conclusiones de los investigadores. Desde *Los Angeles Times* o *The Windsor Star* en Canadá hasta *The Age* en Australia, los medios de comunicación enloquecieron con la idea y publicaron artículos con títulos como «Los científicos descubren que los árboles hablan» o «¡Shhh! Las plantas nos escuchan», y en la portada del *Sarasota Herald-Tribune* se leía el titular «Los científicos creen que los árboles dialogan».[7] *The New York Times* llegó a titular su editorial principal del día 7 de junio de 1983 «Cuando los árboles hablan» y en él especulaba sobre «árboles parlantes que ahuyentan las plagas». Toda esta atención pública disuadió aún más a la comunidad científica de aceptar la idea planteada por Baldwin y sus colegas de que pudiera darse una comunicación mediante sustancias químicas. No obstante, en la pasada década, el fenómeno de la comunicación vegetal a través de los olores se ha demostrado repetidamente en un número creciente de plantas, incluidas la cebada, la artemisa y el aliso, y Baldwin, un joven científico recién licenciado por la universidad en la fecha de la publicación original, se ha convertido en un científico reputado.*

Ahora bien, aunque el fenómeno de la influencia de unas plantas en otras mediante señales químicas aerotransportadas sea hoy un paradigma científico aceptado, el interrogante sigue siendo: ¿se comunican realmente las plantas entre sí (es decir, se advierten unas a otras de un peligro que acecha) o acaso las plantas sanas escuchan a hurtadillas el soliloquio de las infestadas, que no pretenden hacerse oír? Cuando una planta desprende un olor, ¿se trata de una forma de comunicación o es tan solo, por así decirlo, un gas pasajero? Al margen de la belleza alegórica y antropomórfica innegable que presenta la idea de que una planta pida

---

* En la actualidad, Baldwin dirige el Departamento de Ecología Molecular del Instituto Max Planck de Ecología Química en Jena, Alemania.

ayuda y advierta a sus vecinas, ¿es esa la verdadera intención de la señal?

Martin Heil y su equipo del Centro de Investigación y Estudios Avanzados de Irapuato, México, llevan varios años estudiando las judías de Lima (*Phaseolus lunatus*) silvestres para ahondar en esta cuestión.[8] Heil sabía que cuando los escarabajos atacan una planta de judía de Lima, esta reacciona de dos modos: las hojas mordisqueadas emiten una mezcla de sustancias químicas volátiles en el aire y las flores (pese a no sufrir un ataque directo) producen un néctar que atrae a los artrópodos que se alimentan de escarabajos.* En los inicios de su carrera, a principios del milenio, Heil había trabajado en el Instituto Max Planck de Ecología Química en Alemania, el instituto que dirigía (y dirige) Baldwin y, como este antes que él, se preguntaba por qué las judías de Lima desprendían estas sustancias químicas.

Heil y sus colegas situaron plantas de judía de Lima atacadas por escarabajos junto a otras que se habían mantenido aisladas y monitorizaron el aire que rodeaba diversas hojas. Escogieron un total de cuatro hojas de tres plantas distintas: dos de una planta infestada por escarabajos, una de ellas mordisqueada y la otra intacta; una tercera de una planta vecina que se había mantenido sana, sin plaga, y la cuarta hoja correspondía a una planta que había permanecido aislada de todo contacto con escarabajos o plantas infestadas. Identificaron las sustancias químicas volátiles en el aire circundante a cada hoja mediante una avanzada técnica conocida como cromatografía de gases acoplada a espectrometría de masas (técnica que solía aparecer en la serie *CSI* y que emplean los perfumistas para desarrollar nuevas fragancias).

---

* Muchos artrópodos insectívoros han evolucionado en paralelo a las plantas, reconocen las señales volátiles emitidas por las plantas atacadas por herbívoros y las usan como pistas para encontrar alimento.

Judías de Lima (*Phaseolus lunatus*)

Heil averiguó que el aire que desprendían las hojas mordisqueadas y sanas de la misma planta en esencia contenía las mismas sustancias químicas volátiles, mientras que dichos gases estaban ausentes en el aire que rodeaba la hoja de control. Por su parte, el aire que envolvía la hoja de la judía de Lima sana vecina de las plantas infestadas contenía también las sustancias volátiles detectadas en las plantas plagadas, cosa que la hacía menos propensa a ser pasto de los escarabajos.

Mediante aquel conjunto de experimentos, Heil confirmó los estudios anteriores al demostrar que la proximidad de las hojas intactas a las hojas plagadas les proporcionaba una ventaja defensiva frente a los insectos. Sin embargo, Heil no estaba convencido de que las plantas dañadas «hablaran» con sus vecinas para advertirles de un ataque insectívoro. En lugar de ello, hipotetizó que tal vez las plantas sanas detectaran olfativamente de manera furtiva alguna señal interna de la planta plagada destinada a sus propias hojas.

Heil modificó la configuración de su experimento de un modo sencillo más ingenioso para comprobar su hipótesis. Colocó ambas plantas cerca, pero envolvió las hojas mordisqueadas en bolsas de plástico durante veinticuatro horas. Cuando comprobó los mismos cuatro tipos de hojas que en el primer experimento obtuvo resultados diferentes. Si bien la hoja atacada continuaba emitiendo la misma sustancia química que antes, las otras hojas de la misma planta y de las vecinas ahora se parecían a la planta de control: el aire que las rodeaba estaba limpio.

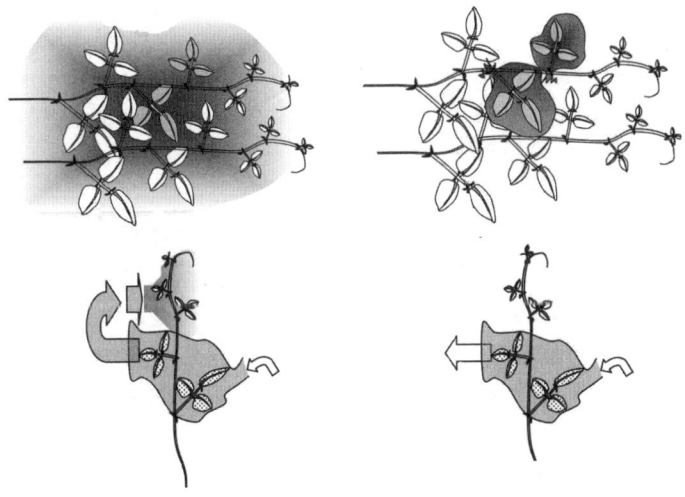

Una ilustración de los experimentos de Heil. En los dos cuadrantes superiores, Heil dejó que los escarabajos atacaran las hojas grises y luego comprobó el aire alrededor del resto de las hojas de esta enredadera y de la enredadera vecina. A la izquierda vemos que el aire que rodea las hojas de ambas enredaderas contenía las mismas sustancias químicas, mientras que en la imagen superior derecha, cuando Heil aisló las hojas atacadas con bolsas de plástico, el aire de su alrededor difería del que envolvía el resto de las hojas de ambas parras. En la parte inferior vemos su segundo experimento. Heil envió aire de las hojas atacadas al resto de las hojas de la misma enredadera (a la izquierda) o lo desvió hacia el exterior (panel inferior derecho).

Heil y su equipo abrieron la bolsa que protegía la hoja atacada y, con la ayuda de un pequeño ventilador usado habitualmente en microchips diminutos para mantener los ordenadores refrigerados, enviaron aire en una de dos direcciones: o hacia las hojas vecinas superiores de la misma planta o hacia el exterior. Y verificaron los gases que despedían las hojas situadas más arriba del tallo, además de calcular la cantidad de néctar que producían. Las hojas que recibían aire de la hoja atacada empezaron a emitir los mismos gases, además de producir néctar, mientras que las que no entraron en contacto con el aire procedente de la hoja mordisqueada permanecieron inalteradas.

Los resultados eran relevantes porque revelaban que los gases desprendidos por la hoja atacada son necesarios para que la planta proteja al resto de sus hojas de ataques futuros. Dicho de otro modo, cuando un insecto o bacterias atacan una hoja, esta libera aromas que advierten a sus hojas hermanas que se protejan del ataque inminente, tal como en las torres de vigilancia de la Gran Muralla china se encendían fogatas para advertir de la amenaza de un ataque. De este modo, la planta se garantiza su propia supervivencia, pues las hojas que «huelen» los gases desprendidos por las hojas plagadas se hacen más resistentes a la arremetida que se cierne sobre ellas.

¿Y qué sucede con la planta vecina? Si está lo bastante cerca de la planta infestada, aprovecha la «conversación» interna que mantienen las hojas de esta. La planta vecina escucha a hurtadillas la conversación olfativa cercana, que le comunica información esencial para protegerse. En la naturaleza, esta señal olfativa persiste al menos entre medio y unos metros (las distintas señales volátiles, en función de sus propiedades químicas, recorren distancias más cortas o mucho más largas). En el caso de las judías de Lima, que por naturaleza crecen apiñadas, esto garantiza que, si una plaga ataca una planta, sus vecinas estén al corriente.

Pero ¿qué huele exactamente la judía de Lima cuando a su vecina se la están comiendo? El *eau de lima*, como el *eau de tomate* descrito en el experimento de la cuscuta, es una amalgama compleja de fragancias. En 2009, Heil colaboró con colegas de Corea del Sur y analizó los distintos compuestos volátiles que desprendían las hojas de las plantas atacadas con el fin de identificar la sustancia química mensajera.[9] La clave consistía en identificar la sustancia química encargada de la evidente comunicación con otras hojas. Compararon las sustancias químicas emitidas por hojas infectadas por bacterias con las desprendidas por hojas devoradas por insectos. Ambos tratamientos daban lugar a la expresión de gases volátiles similares, salvo por dos gases. Las hojas que sufrían un ataque bacteriano emitían un gas llamado «salicilato de metilo», ausente en las mordisqueadas por los bichos, que emitían un gas denominado «jasmonato de metilo».

El salicilato de metilo presenta una estructura muy similar a la del ácido salicílico. El ácido salicílico está presente en cantidades copiosas en la corteza de los sauces. De hecho, el médico de la Antigua Grecia Hipócrates describió ya una sustancia amarga (que hoy sabemos que era ácido salicílico) de la corteza de estos árboles que calmaba el dolor y reducía la fiebre. Otras culturas del antiguo Oriente Próximo también utilizaban la corteza del sauce como medicina, tal como hacían los amerindios. Siglos después descubrimos el ácido salicílico, precursor químico de la aspirina (ácido acetilsalicílico) e ingrediente clave en multitud de lociones antiacné modernas.

Aunque el sauce es un importante productor de ácido salicílico, extraído de este árbol durante años, todas las plantas producen esta sustancia química en cantidades diversas. También producen salicilato de metilo (un importante ingrediente de las pomadas que alivian el dolor de articulaciones y músculos). Pero ¿por qué iba a producir una planta un analgésico y un antipirético? Como sucede con cualquier sustancia fitoquímica (o sustancia química producida por un vegetal), las plantas no generan ácido salicílico para «nuestro» beneficio, sino que el ácido salicílico actúa como una «hormona de defensa» que potencia el sistema inmunitario de la planta. Lo producen cuando las atacan bacterias o virus. El ácido salicílico es soluble y se libera en el punto exacto de la infección con el fin de indicar al resto de la planta, a través de las venas, que hay bacterias campando. Las partes sanas de la planta reaccionan iniciando una serie de pasos destinados o bien a acabar con las bacterias o, cuando menos, a impedir que la plaga se propague. Uno de dichos pasos consiste en erigir una barrera de células muertas alrededor del punto infectado con el fin de bloquear el avance de las bacterias. En ocasiones es posible apreciar dichas barreras en las hojas de las plantas: presentan el aspecto de puntos blancos. Estos puntos marcan zonas de la hoja donde las células literalmente se han suicidado para evitar que las bacterias de las proximidades se propaguen.

Grosso modo, el ácido salicílico desempeña funciones similares en las plantas y en las personas. Las plantas lo utilizan para detener una infección (como cuando nosotros estamos enfermos). Los seres humanos usamos ácido salicílico desde tiempos ancestrales y el derivado moderno de la aspirina cuando tenemos una infección que nos provoca dolor.

Retomando los experimentos de Heil, tras ser atacadas por las bacterias, las judías de Lima emitían salicilato de metilo, una forma volátil de ácido salicílico. Este resultado respaldaba la investigación realizada una década antes en su laboratorio de la Universidad Rutgers por Ilya Raskin, quien había demostrado que el salicilato de metilo era el principal compuesto volátil producido por el tabaco tras una infección vírica.[10] Las plantas son capaces de convertir el ácido salicílico soluble en salicilato de metilo volátil y viceversa.[11] Una forma de hacer entender la diferencia entre el ácido salicílico y el salicilato de metilo es esta: las plantas «paladean» el ácido salicílico y «huelen» el salicilato de metilo. (Como es bien sabido, el gusto y el olfato son dos sentidos interrelacionados. La diferencia principal es que «degustamos» las moléculas solubles con la lengua mientras que con la nariz «olemos» las moléculas volátiles.)

Al encerrar las hojas infectadas en bolsas de plástico, Heil había impedido que el salicilato de metilo flotara por el aire desde la hoja infectada a las no infectadas, tanto de la misma enredadera como de una parra vecina. Cuando posteriormente se sopló aire de la hoja plagada hacia la no infectada, esta olió el salicilato de metilo e inhaló los gases a través de los diminutos orificios de su superficie (denominados «estomas»). Una vez hubo penetrado en la hoja, el salicilato de metilo se transformó de nuevo en ácido salicílico, la sustancia que, tal como hemos visto, toman las plantas cuando enferman.[*]

¿Huelen las plantas?

Las plantas desprenden aromas. Basta pensar en la fragancia de las rosas que impregna un sendero de un jardín en verano, en el olor de la hierba recién segada a finales de la primavera o en el perfume de unos jazmines abriéndose por la noche. ¿Y qué hay del olor dulce y acre de un plátano maduro mezclado con la miríada de olores en un mercado de productores? Sabemos sin mirar cuándo una fruta está en su punto y a nadie que visite un jardín botánico le pasa desapercibido el desagradable hedor de la inflorescencia más grande (y apestosa) que existe, la *Amorphophallus titanum*, más conocida como la flor cadáver (que por suerte florece una sola vez cada pocos años).

Muchos de estos aromas participan en la comunicación compleja entre plantas y animales. Los olores inducen a los polinizadores a visitar flores y a los esparcidores de semillas a visitar frutos, y tal como infiere el escritor Michael Pollan,

---

[*] En cuanto al jasmonato de metilo, ocurre algo parecido. El jasmonato de metilo es una forma voluble de ácido jasmónico, una hormona con funciones defensivas que las plantas emiten cuando les infligen daños animales herbívoros.

estos aromas pueden instar a las personas a propagar flores por todo el mundo.[12] Ahora bien, las plantas no solo desprenden perfume; como hemos visto, es indudable que también huelen a otras plantas.

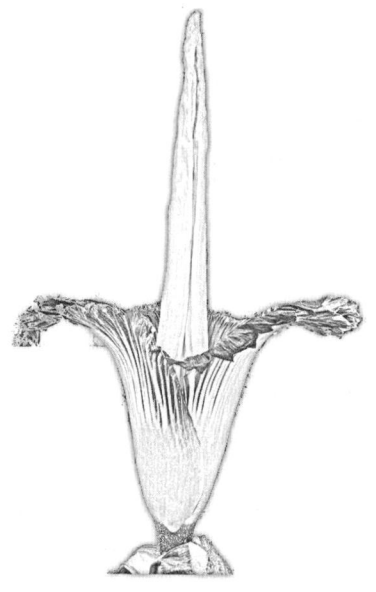

Flor cadáver (*Amorphophallus titanum*)

Al igual que las plantas, los humanos detectamos los compuestos volátiles transportados por el aire. Usamos la nariz para oler muchas cosas, en especial comida. Pero debemos recordar que el «olfato» sirve para mucho más que para oler comida sabrosa. Nuestro lenguaje está repleto de expresiones teñidas por este sentido, como «oler el miedo» u «oler los problemas», y los olores están íntimamente relacionados con la memoria y las emociones. Los receptores olfativos que tenemos en la nariz están directamente conectados con el sistema límbico (el centro de control de las emociones) y, en términos evolutivos, con la parte más antigua de nuestro cerebro. Como las plantas, los seres humanos nos comunicamos a través de las feromonas, aunque a menudo no seamos conscientes de ello.

Las feromonas que desprende una persona desencadenan una respuesta social en otra. En los animales, desde las moscas hasta los babuinos, las feromonas comunican situaciones diversas: dominio social, receptividad sexual, temor, etc. Asimismo, a los humanos nos influyen los olores y emitimos olores que afectan a quienes nos rodean. Por ejemplo, se ha descubierto que la sincronización de los ciclos menstruales en los hogares donde conviven varias mujeres se debe a pistas de olor comunicadas a través del sudor. Un estudio reciente (y provocador) publicado en *Science* informaba que los hombres que olían las lágrimas inodoras relacionadas con emociones negativas vertidas por mujeres registraban niveles inferiores de testosterona y excitación sexual.[13] Señales olfativas tan sutiles podrían influir potencialmente en muchos aspectos de nuestra psique.

Las plantas y los animales perciben compuestos volátiles en el aire, pero ¿puede esto considerarse el olfato de las plantas? Obviamente, las plantas carecen de nervios olfativos conectados con un cerebro que interpreta las señales y, a fecha de 2011, solo se ha identificado en ellas un receptor de una sustancia química, el receptor de etileno. Sin embargo, las plantas en proceso de maduración, la cuscuta, las plantas de Heil y otra flora de todo el mundo natural reaccionan a las feromonas, al igual que nosotros. Las plantas detectan una sustancia química volátil en el aire y (pese a carecer de nervios) transforman dicha señal en una reacción fisiológica. Y esto, sin duda, podría considerarse olfato.

Y si las plantas son capaces de «oler» sin tener nariz, ¿es posible que puedan «saborear» sin tener lengua?

3

¿Qué saborean las plantas?

> La mayoría de las plantas saben mejor cuando han tenido que sufrir un poco.
>
> DIANA KENNEDY

Ahora sabemos que la cuscuta detecta a su presa por el olfato y diferencia entre la tomatera, que le encanta, y el trigo, que le repugna. Podemos decir, por tanto, que es una planta con preferencias. Tras haber catado el zumo de tomate y el de trigo, la experiencia personal me dice que la cuscuta va atinada. Pero ¿significa eso que la cuscuta y otras plantas tienen sentido del gusto?

Analicemos nuestro sentido del gusto para determinar cómo puede saborear una planta. El sentido del gusto humano es muy similar al sentido del olfato. Los humanos olemos las sustancias químicas volátiles y paladeamos las solubles. Por ejemplo, olemos limoneno en la monda del limón y saboreamos el ácido cítrico, responsable de su acidez. Para los mamíferos, el gusto es la sensación de sabor percibida en la boca y en la garganta al entrar en contacto con una sustancia. Tal como la nariz contiene receptores olfativos que fijan moléculas volátiles y reaccionan a ellas, la boca contiene miles de papilas gustativas que fijan moléculas solubles y provocan una reacción. Los bultitos minúsculos que tenemos en la lengua se denominan «papilas gustativas». Cada papila (al igual que otras partes de la boca) contiene numerosos receptores gustativos, que se clasifican en las cinco categorías de gusto principales: salado, dulce, amargo, ácido y umami. Y cada uno de dichos receptores conecta con un nervio gustativo, que a su vez enlaza con los centros del cerebro donde se procesa el gusto.

Los receptores de las papilas gustativas funcionan de manera muy parecida a los receptores olfativos de la nariz: mediante un mecanismo de cerradura y llave. La sustancia química disuelta particular encaja con una proteína específica situada en la parte exterior del receptor. Por ejemplo, un receptor de salado se combina con el sodio y dicha combinación envía una señal eléctrica que se propaga mediante la neurona gustativa desde el receptor hasta los centros cerebrales receptores del sabor, que interpretan la señal como un sabor salado. Puesto que cada papila gustativa puede reaccionar de manera simultánea a múltiples señales, nuestra lengua es capaz de interpretar las complejas combinaciones que originan los sabores que tanto nos gustan.

Obviamente, las plantas no tienen boca, pero ello no obsta para que discriminen las diferentes sustancias químicas solubles. Si una planta fuera un animal, su «lengua» estaría en las raíces. Las raíces sondean el suelo y absorben el agua y los minerales necesarios para la nutrición, el crecimiento y el desarrollo de las plantas. Además, las raíces también perciben los mensajes químicos transmitidos a través del suelo por las raíces y los microorganismos vecinos. Tal como nuestra nutrición depende de lo que nos aportan los alimentos que comemos (que inician su viaje como los alimentos que saboreamos), los minerales que las plantas absorben del suelo son componentes esenciales para su nutrición.

A diferencia de los seres humanos, las plantas producen la mayor parte de su alimento. Mientras que nosotros obtenemos las calorías de comer vegetales o alimentos derivados de estas (en muchos casos suministrados a través de la ventanilla del restaurante de comida rápida), las plantas tienen una habilidad única para generar sus propias calorías (que luego nos comemos nosotros). Fabrican azúcares mediante la fotosíntesis, utilizando solo dióxido de carbono y agua como bloques de construcción, y luego transforman esos azúcares en proteínas y carbohidratos complejos. Ahora bien, aunque las plantas fabrican sus propios azúcares, dependen por completo de fuentes externas para obtener los minerales que necesitan para vivir. El nitrógeno, el fósforo, el potasio, el calcio y el magnesio, junto con los micronutrientes del hierro, el cinc, el boro, el cobre, el níquel, el molibdeno y el manganeso, son los elementos fundamentales de la nutrición vegetal. La fotosíntesis, por ejemplo, no tiene lugar sin magnesio y manganeso en cantidades cuantiosas. El magnesio está presente en el centro de cada pigmento de clorofila verde, tal como el hierro está presente en el centro de cada hemoglobina de nuestros glóbulos. Los iones de manganeso son esenciales para una fase crucial de la fotosíntesis denominada «división del agua». En esta complejísima serie de reacciones fotoquímicas se separan los electrones de dos moléculas de agua y se canalizan hacia el interior de las proteínas fotosintéticas. El sol carga de energía los electrones y genera un gradiente electroquímico similar a una batería que, literalmente, enciente el cloroplasto. A consecuencia de la división del agua, dos moléculas de oxígeno se combinan para formar O_2, que luego se libera en el aire como el oxígeno que respiramos. El manganeso forma el puente químico que canaliza el electrón desde el agua hasta la fotosíntesis. Sin manganeso, el agua no se divide y nos quedamos sin oxígeno para respirar. De manera que lo que una planta saborea en el suelo es esencial para su supervivencia (y para la nuestra).

Mientras que en los humanos las papilas gustativas contienen células específicas para cada tipo de sabor, en el caso de las plantas la situación es un poco más general. Las plantas no tienen células especializadas en saborear el magnesio o el potasio en sus raíces; cada célula cuenta con sus propios receptores específicos para diversos minerales. Así, dos tipos de proteína hallados en el exterior de una célula se unen y transportan nitrógeno a las raíces. El manganeso lo detectan también al menos dos tipos distintos de proteínas localizadas en las membranas de las células de la raíz, y los científicos han identificado proteínas específicas que fijan cada uno de los macro y micronutrientes. De manera que cada célula individual contiene numerosas proteínas que le permiten identificar y absorber varios minerales del suelo. A diferencia del ejemplo humano, en el que el sabor y la nutrición están físicamente separados, en las plantas la fijación de los nutrientes por parte de los receptores permite su asimilación y transporte a través de toda la planta y conecta directamente la sensación con la señalización y la nutrición.

Las plantas regulan la cantidad de un mineral concreto que absorben en un momento determinado. Por ejemplo, sometidas a estrés, las plantas absorben más cantidad del mineral que las ayudará a sobrevivir en las condiciones adversas. A título de ejemplo, según un estudio reciente, las arabidopsis absorben más magnesio del habitual cuando sus raíces notan que el pH del suelo se ha vuelto relativamente ácido.[1] En los terrenos agrícolas, tal acidificación está provocada por un uso indebido de fertilizantes. Las deficiencias de nutrientes también pueden desencadenar reacciones. Por ejemplo, las raíces de las arabidopsis cultivadas en suelos con deficiencia de hierro secretan sustancias químicas como la cumarina, que, según creen los científicos, protege la planta por su capacidad potencial para fijar el hierro o acabar con los microorganismos vecinos que podrían consumir el poco hierro disponible.[2]

No le quepa duda de que, al detectar minerales en el suelo, una planta sabe determinar qué cantidad de cada mineral concreto precisa. Las raíces absorben el agua y la distribuyen a través del xilema (las venas encargadas de transportar el agua) hasta el tallo y las raíces. La cantidad de nutrientes que las raíces absorben del suelo y su transporte de célula en célula en última instancia se rigen por una estricta regulación biológica. Si bien cada célula de la raíz puede absorber y disolver minerales de manera pasiva, las raíces regulan con precisión cuáles se abren camino hasta los tubos de xilema que transportan el agua. Para entender cómo regulan este proceso las raíces conviene tener algunas nociones acerca de la arquitectura del sistema radical. Si se corta una zanahoria en rodajas horizontales, el círculo que se aprecia en el centro de la rodaja se denomina «cilindro vascular». Contiene numerosos tubos de xilema, que transportan el agua desde las raíces hasta las hojas, y también tubos liberianos, que transportan los azúcares en la dirección opuesta, desde las hojas hasta la raíz. (Para realizar un experimento rápido, pruebe a separar una zanahoria en las distintas partes y compruebe cuál es la más dulce. Descubrirá que es el centro, donde se encuentra el líber.) Al cortar una zanahoria a lo largo se aprecia que el cilindro vascular la recorre en toda su longitud. Para que un mineral llegue a dicho cilindro y penetre en los tubos de xilema, que lo transportarán hasta el brote, primero tiene que atravesar una delgada capa de tejido llamada «endodermis» (claramente visible sin necesidad de microscopio). La endodermis envuelve el cilindro vascular y, a su vez, está rodeada por un anillo de una sustancia cerosa que impide el paso al agua y a los minerales disueltos que intentan colarse entre las células. En lugar de ello, los minerales tienen que atravesar las membranas de las células endodérmicas y, desde ahí, salir por el lado opuesto y penetrar en el xilema. Esto solo ocurre si en las membranas de la endodermis están presentes y activos los receptores específicos de cada mineral. De este modo, la endodermis funciona como un portero que regula quién entra en el xilema y el resto de la planta y quién no. Comparándolo *grosso modo* con nuestro aparato digestivo, la planta «cata» los minerales del suelo con la superficie de la raíz y luego decide cuáles asimilará plenamente en el nivel de la endodermis (tal como nuestros intestinos regulan la ingesta de nutrientes). En un nivel básico, el mecanismo de cata presente en las plantas es muy similar al que interviene en cómo una célula humana mantiene su homeostasis mineral.

Plantas bebedoras

Como es bien sabido, comer no basta para mantenernos con vida. También necesitamos agua. Y lo mismo les sucede a las plantas: no solo necesitan agua para realizar la fotosíntesis, sino también, al igual que nosotros, para mantener el equilibrio de líquido en sus células. Algunas plantas emplean el agua en unas minibombas hidráulicas que mueven sus hojas, y todas la precisan para que sus hojas y tallos mantengan el lustre. Si alguna vez ha olvidado regar las plantas del hogar habrá comprobado que sus hojas se enroscan y los tallos se marchitan; esto sucede debido a la pérdida de presión del agua en las células de la planta. Las raíces absorben agua del suelo y la transportan hasta el tallo y las hojas a través del xilema. La cantidad de agua que necesita cada planta varía enormemente. Una planta en crecimiento requiere más agua que una durmiente, y, además, las plantas necesitan más agua en los días calurosos que en los días frescos. Por otro lado, el agua es lo que impulsa el movimiento de los minerales disueltos desde las raíces hasta las hojas, donde son necesarios, y de los azúcares disueltos desde las hojas hasta las raíces. Las plantas tienen su propia manera de sudar, denominada «transpiración»; una planta pierde más agua en un día caluroso que en uno frío debido al agua que se evapora de sus hojas para mantenerla fresca. ¿Alguna vez se había preguntado por qué la hierba natural nunca se calienta en los días soleados mientras que la artificial puede quemar los pies? La respuesta está en la transpiración. Una planta pierde agua de manera constante debido a la transpiración. ¡Un roble transpira más de trescientos ochenta litros de agua un día caluroso de verano!

Obviamente, la disponibilidad de agua y nutrientes en el suelo puede influir y limitar el crecimiento de una planta. Las raíces, el órgano que primero detecta el agua y los nutrientes en el suelo, deben ser capaces de hallarlos o, dicho de otro modo, de «catarlos».

Los científicos tienen una idea bastante certera de los mecanismos moleculares que participan en la percepción de la luz en el fototropismo y del efecto de la gravedad en el gravitropismo (que explica cómo una planta distingue arriba de abajo, tema que abordaremos en el capítulo 6). No obstante, sigue siendo un enigma cómo las plantas detectan y crecen hacia el agua, un fenómeno descrito por primera vez por el gran botánico del siglo XIX Julius von Sachs.[3] Mi amigo Hillel Fromm y su equipo de la Escuela de Ciencias Botánicas y Seguridad Alimentaria de la Universidad de Tel Aviv han intentado resolverlo. Han demostrado que las raíces de las plantas que crecen en arena seca se curvan y avanzan hacia una fuente de agua. Sorprendentemente, esa curvatura es independiente de la hormona auxina, un elemento fundamental en el proceso de combado de una planta hacia la luz.[4] De manera que, aunque el resultado del «arqueo» sea el mismo, al parecer las plantas cuentan con más de un mecanismo que les indica cuándo doblarse.

Las raíces también señalan a las partes verdes de la planta cuando caen los niveles de agua, y las plantas utilizan esta información para modificar la arquitectura del sistema radicular.[5] Es interesante señalar que, pese a que podría pensarse que una planta ralentizaría su crecimiento cuando no hay demasiada agua cerca, en un principio ocurre justo lo contrario. Al inicio de una sequía, las plantas extienden sus raíces hacia las capas profundas del suelo en busca de nuevas fuentes de suministro.[6] En paralelo, la planta detiene el crecimiento de las raíces poco profundas, donde el suelo suele ser más seco. De este modo, la planta hace una apuesta compensatoria y se concentra en crecer hacia donde existen más posibilidades de hallar agua. Aunque sabemos cómo penetra el agua en las células, pese a los largos años de investigación apenas empezamos a elucidar cómo detecta una planta dónde hay agua y decide profundizar sus raíces.[7]

¡ALERTA: SEQUÍA!

En el capítulo anterior he explicado que Ian Baldwin y otros biólogos vegetales demostraron de manera convincente que las plantas utilizan sustancias químicas volátiles para comunicar la presencia de patógenos o herbívoros. Pero ¿pueden usar las raíces para transmitir estados fisiológicos, como la escasez de agua?

Mi colega Ariel Novoplansky y sus alumnos de la Universidad Ben-Gurion sentían curiosidad por cómo las plantas se comunicaban las condiciones ambientales.[8] Más en concreto, se propusieron comprobar si plantas que crecían en condiciones óptimas se comportarían de manera diferente en caso de crecer junto a plantas sometidas a estrés ambiental. Dicho de otro modo, en caso de sequía, ¿una planta podía comunicar a sus vecinas que se aproximaban tiempos adversos?

Bautizaron el diseño de su experimento con el nombre de «raíz dividida». En un experimento de raíz dividida se extrae una planta de su maceta y se trasplanta, de tal manera que sus raíces quedan repartidas entre dos tiestos (n.º 1 y n.º 2). A continuación se planta una segunda planta en ambas macetas, con la mitad de las raíces en la misma maceta que la primera planta (maceta n.º 2) y la otra mitad en un nuevo tiesto (maceta n.º 3). A continuación, estas dos plantas pueden conectarse a una tercera planta, cuyas raíces se reparten entre la maceta que contiene la segunda planta (maceta n.º 3) y un cuarto tiesto, y así sucesivamente. Como parte del estudio Novoplansky se conectaron seis plantas de guisante (*Pisum sativum*) mediante siete macetas. Los investigadores sometieron la primera planta a una sequía simulada alterando las condiciones de la primera maceta. Para ello bastó con añadir a la tierra un azúcar inerte llamado «manitol». Los botánicos acostumbran a usar manitol para determinar las reacciones de las plantas a la sequía.

Una de las primeras respuestas de una planta a la escasez de agua es cerrar los pequeños orificios llamados «estomas», que tienen en las hojas. Observados bajo el microscopio, los estomas recuerdan a bocas pequeñas. Estas aberturas permiten la entrada en la planta de dióxido de carbono, necesario para la fotosíntesis, y la emisión a la atmósfera de oxígeno, el producto de la fotosíntesis. El vapor de agua también escapa a través de los estomas abiertos mediante la transpiración. Las plantas abren y cierran activamente sus estomas en respuesta al ambiente. Así por ejemplo, para reducir la pérdida de agua en época de sequía, cierran sus estomas. Y pese a que, evidentemente, ello ralentiza o incluso detiene la fotosíntesis, también conserva el agua y permite que la planta se adapte y sobreviva a una carestía de agua pasajera. La información originada en las raíces indica a los estomas que se cierren.

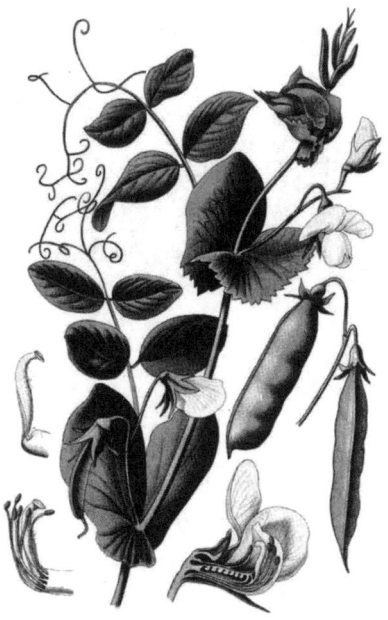

Guisante (*Pisum sativum*)

Novoplansky y sus estudiantes averiguaron que, al añadir manitol a la tierra de la primera maceta, los estomas de la planta se cerraban en menos de quince minutos, aunque la mitad de sus raíces continuaran recibiendo riego. Tal reacción rápida no fue ninguna sorpresa, pues se conocía desde hacía años. Lo sorprendente fue que los estomas de la segunda planta, que tenía la mitad de las raíces en la maceta bien regada que compartía con la tercera planta, también se cerraron al cabo de quince minutos de echar manitol a la primera maceta. Tal reacción indujo al equipo a pensar que las raíces estresadas por la sequía de la primera planta emitían una señal que viajaba hasta las raíces no estresadas de la planta, que a su vez enviaban alguna señal al suelo que hacía que la planta vecina supiera que se acercaba una posible sequía.

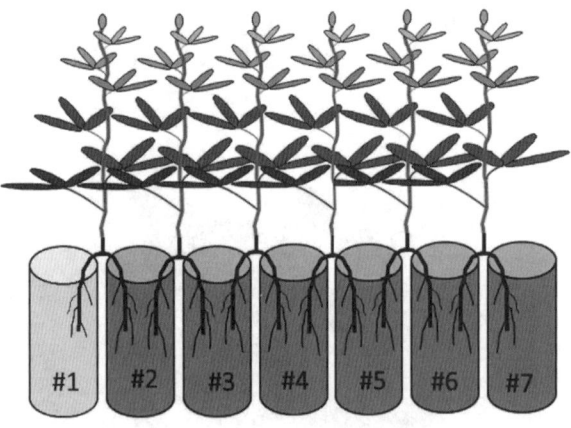

Diseño del experimento de raíz dividida de Novoplansky

Cuando Novoplansky examinó los estomas de las hojas de las otras plantas, la 3, 4, 5 y 6, comprobó que también estaban cerrados, si bien habían tardado un poco más en cerrarse tras echar el manitol en la primera maceta. En otras palabras, detectaron una señal retardada enviada por la planta estresada a la planta no estresada más cercana y a las plantas situadas a hasta cinco macetas de distancia. Sabían que dicha información debía transferirse a través del suelo, de un sistema radicular a otro, ya que otras plantas que no compartían sistemas de raíces con la planta tratada, es decir, que estaban en tiestos aparte, pese a hallarse cerca de ella, no registraron ninguna reacción en sus estomas.

Los resultados obtenidos por Novoplansky no demuestran necesariamente que las plantas sometidas a estrés «pretendan» advertir a sus vecinas. Por razones obvias, el concepto de «pretender» resulta resbaladizo en el ámbito de la biología vegetal. Es cierto que este tipo de comportamiento altruista está fuertemente arraigado (no es un juego de palabras) en la teoría de la biología evolutiva, sobre todo en lo referente a la adecuación de la comunidad. Pero la comunicación entre las raíces también puede interpretarse como un fenómeno entre plantas. Si tenemos en cuenta que las raíces de un árbol pueden extenderse muchos metros, es harto posible que partes de estas encuentren un suelo más seco que otras. En tal caso, si las raíces que primero detectan las limitaciones de agua pudieran advertir a las demás de una sequía inminente liberando una señal química en el suelo, la planta podría prepararse rápidamente para el desafío de las nuevas condiciones. El grupo de Novoplansky ha continuado investigando la idea de las posibles interacciones entre raíces y recientemente ha demostrado que la comunicación entre ellas podría incluso regular la floración.[9] Sus estudios han demostrado que plantas de canola mantenidas en condiciones de laboratorio de días cortos, que retrasan la floración, florecían antes si se regaban con agua extraída de suelo donde crecían plantas en condiciones de días largos, inductores de la floración.* Y aunque se

---

* La floración de la canola puede manipularse alterando las horas de luz diurna, tal como hemos visto en el capítulo 1. La canola es una planta de «día largo» que florece en verano, cuando hay más horas de luz diurna, y en cambio no en otoño ni en invierno, cuando los días son más cortos.

desconoce cuál es el principal agente de esta comunicación, sin duda alguna se trata de algo que las raíces catan.

Aléjate de mí

El matorral del desierto *Larrea tridentata* se conoce vulgarmente como chaparral o arbusto de la creosota y en México recibe el nombre de «gobernadora». Las plantas de creosota reducen el crecimiento de sus vecinas haciendo acopio de los valiosos recursos de agua. Si el chaparral fuera un país, las Naciones Unidas lo llamarían al orden por no respetar el derecho al agua de sus vecinas. Pero ¿cómo sabe el chaparral si sus vecinas son amigas o enemigas? Y, en caso de tratarse de enemigas, ¿cómo se las apaña para hacerse con toda el agua y no dejar nada a sus vecinas?

Bruce Mahall, de la Universidad de California en Santa Bárbara, planteó la hipótesis de que quienes se encargaban del asedio eran las raíces, que operaban de manera clandestina bajo tierra, donde no puede vérselas. Si las raíces de una planta podían limitar el crecimiento de las de otra, ello explicaría por qué el chaparral y el arbusto de la *Ambrosia*, por ejemplo, crecen de manera natural en matas definidas y homogéneas.

Para comprobar esta hipótesis, Mahall y su alumno Ragan Callaway llevaron a cabo el experimento siguiente: primero cultivaron plantas de *Ambrosia* y *Larrea* en bandejas individuales poco profundas con un fondo transparente que permitía ver sus raíces.[10] De esta manera, colocando las bandejas inclinadas podían calcular la velocidad de elongación de las raíces hacia el fondo. Una vez las raíces adquirieron un tamaño concreto, colocaron las bandejas vecinas de tal modo que el sistema radicular de la planta de una bandeja (la planta de prueba) se alargara hasta penetrar en la bandeja que contenía la segunda planta (o planta objetivo). Ello les permitiría seguir midiendo la velocidad de crecimiento de las raíces de la planta de prueba mientras se aproximaban a las de la planta objetivo. A modo de control construyeron unas raíces «objetivo» artificiales de hilos de dacrón que enterraron en la arena. Y descubrieron algo fascinante. Las raíces de ambas especies hacían caso omiso de las de dacrón y continuaban prolongándose a una velocidad normal por encima de estas. En cambio, si las raíces de una *Ambrosia* tocaban las de una *Ambrosia* vecina dejaban de alargarse, mientras que el resto de las raíces de la planta sí continuaban creciendo en otras direcciones donde no hubiera ninguna raíz de *Ambrosia* que les cortara el paso. Ello llevó a Mahall a concluir que, de este modo, la *Ambrosia* se aseguraba de que su sistema radicular no compitiera con vecinas de la misma especie; en lugar de ello, se ampliaba la superficie de suelo colonizado por el sistema radicular de ambas plantas y, por ende, la probabilidad de obtener agua adicional. Es interesante destacar que si las raíces de una misma planta se tocaban entre sí no dejaban de alargarse, lo cual refuerza la hipótesis de que la *Ambrosia* discrimina entre su ser y otros seres.

Hierba búfalo (*Bouteloua dactyloides*)

Por su parte, las raíces de la *Larrea* mostraban poca consideración por la presencia de otras raíces de *Larrea* o *Ambro-*

sia y continuaban creciendo incluso tras entrar en contacto con raíces ajenas. De manera que es probable que la *Larrea* compita directamente con la *Ambrosia* por el agua. En cambio, las raíces de la *Ambrosia* sí detenían su crecimiento ante la presencia de raíces de *Larrea*. Cuando las raíces de *Ambrosia* se hallaban a varios centímetros de unas raíces de *Larrea* dejaban de alargarse. De manera que la *Larrea* no solo se hacía con los recursos de agua de la *Ambrosia*, sino que la mera presencia de sus raíces disuadía a las plantas de *Ambrosia* de invadir su territorio. Al parecer, la *Larrea* libra una guerra química, liberando algún tipo de señal soluble que las raíces de la *Ambrosia* catan y las hace alejarse.

Ahora bien, no todas las plantas reaccionan a la presencia de vecinos extraños rehuyéndolos. Las plantas de zacate o hierba búfalo (*Bouteloua dactyloides*) también discriminan entre raíces propias y ajenas. Estas plantas desarrollan menos raíces y más cortas en presencia de otras raíces del mismo espécimen y, en cambio, crecen rápidamente en presencia de otras plantas de hierba búfalo, quizá en un intento por competir con ellas por los recursos. Con todo, lo verdaderamente asombroso, a riesgo de incurrir en antropomorfismo, es que la hierba búfalo puede «olvidarse» de quién es. Una vez los esquejes procedentes de una planta se separan, van alienándose cada vez más y acaban por relacionarse como plantas genéticamente distintas.[11] En otras palabras, tras dos meses de separación, las raíces procedentes de la misma planta ya no reconocían a sus raíces hermanas y se esforzaban por crecer más que estas.

Lo que saborea una planta en relación con la agricultura

Teniendo en cuenta la importancia de lo que catan las plantas para su fisiología, puede afirmarse que la nutrición es tan importante para el diente de león como para las plantas ornamentales o para un campo de trigo duro cultivado en Italia para elaborar pasta. Una planta cultivada en un suelo pobre en nutrientes amarillea y tiene problemas para crecer fuerte. En nuestros hogares y en la agricultura moderna complementamos la nutrición de las plantas con fertilizantes que contienen grandes cantidades de minerales. Tal como muchos de nosotros tomamos una dosis diaria de multivitaminas porque los alimentos de nuestra dieta no siempre son óptimos para nuestra salud, las plantas domésticas necesitan fertilizantes añadidos porque a la tierra y al agua del grifo suelen faltarles los nutrientes que garantizan que crezcan saludables.

Nuestros conocimientos en materia de nutrición vegetal y lo que una planta saborea están íntimamente relacionados con la agricultura moderna y los intentos de alimentar al planeta. La población humana mundial alcanzó los mil millones de habitantes a principios del siglo XIX, una época en la que casi un tercio de las personas pasaba hambre. Durante mi vida he sido testigo de cómo la población mundial pasaba de tres mil a más de siete mil millones de personas. Y aunque aproximadamente 700 millones de personas siguen yéndose a la cama con el estómago vacío cada noche, en proporción en la actualidad hay menos personas que pasen hambre que en toda la historia de la humanidad. En otras palabras, si bien hoy en día la Tierra tiene más habitantes que en ningún otro momento de la historia, nos las apañamos para alimentar a la gran mayoría del mundo, todo un logro si tenemos en cuenta que cuantos más habitantes tiene el planeta menos superficie se destina a la agricultura. Incluso hoy, con un 28 por ciento de la superficie terrestre potencialmente arable, perdemos 100.000 kilómetros cuadrados cada año a manos de la urbanización y otras fuerzas.[12] Pese a ello, la agricultura moderna ha conseguido reducir el hambre multiplicando sobremanera las cosechas.

Tres avances capitales en la agricultura cambiaron la historia de la humanidad. La primera revolución agrícola tuvo lugar hace diez mil años, cuando nuestros ancestros empezaron a cultivar alimento en distintas partes del planeta. Esta domesticación de las plantas fue de la mano de la introducción de nuevos rasgos genéticos. Por ejemplo, los granos del trigo silvestre, que sigue creciendo como una mala hierba en Israel, Siria, Turquía y otros países del Creciente Fértil, caen al suelo al madurar, cosa que complica bastante su recolección. En cambio, los granos del trigo domesticado permanecen en la espiga al madurar, lo que permite cosecharlos más fácilmente. Una mutación en un único gen denominado *Q* es responsable de este rasgo y condujo a la aparición de cepas de trigo cultivado que se han utilizado en la agricultura desde entonces.[13] La domesticación del trigo en Oriente Próximo, del maíz en las Américas y del arroz en el Lejano Oriente, junto con la domesticación de otros cereales, legumbres, árboles frutales y hortalizas, permitió el desarrollo de la vida urbana y la civilización moderna tal como las conocemos.

Entender qué saborea una planta fue una consideración que entró en juego en una segunda revolución agrícola cuyas raíces se remontan a los albores del siglo XX. El inmenso incremento del rendimiento de las cosechas durante el siglo pasado se debió a tres logros tecnológicos: el desarrollo de cepas de alto rendimiento de distintos cultivos, la adopción de métodos de irrigación de alta tecnología que redujeron de manera drástica la dependencia de la agricultura de las precipitaciones, y la invención y el uso generalizado de fertilizantes químicos.

Los agricultores modernos no fueron los primeros en entender que las plantas necesitan una buena nutrición para dar cosechas abundantes, pero sí fueron los primeros en engranar la ciencia de la alimentación de una planta con la química y la agricultura. Hace miles de años, distintas culturas ancestrales desde la China hasta Europa utilizaban estiércol para abonar el suelo y mejorar su productividad.[14] En efecto, los excrementos son muy ricos en potasio, nitrógeno y otros minerales esenciales que las raíces de las plantas perciben y absorben de la tierra.

A mediados del siglo XIX y principios del XX, a medida que la agricultura fue industrializándose cada vez más, se realizaron numerosos intentos por inventar un estiércol artificial que fomentara el crecimiento sin necesidad de recoger y extender excrementos de verdad. Los primeros fertilizantes verdaderamente sintéticos se produjeron en la primera mitad del siglo XX, después de que los premios Nobel Carl Bosch, Fritz Haber y Wilhelm Ostwald perfeccionaran los métodos para transformar el nitrógeno de la atmósfera en ácido nítrico y amoníaco utilizables. La producción y adopción de fertilizantes sintéticos con contenido en nitrógeno y fosfato posibilitaron una mayor productividad de los campos y la incorporación de cultivos agrícolas de alto rendimiento.

Los cultivos desarrollados a partir de mediados del siglo XX producen más proteínas y carbohidratos que nunca debido a los nuevos rasgos genéticos, que influyen en el momento de la floración y en el tamaño de las frutas y semillas. Una de las características más destacadas de las cepas de alto rendimiento de trigo y arroz fue que eran bajitas («enanas» en la jerga agrícola) y presentaban tallos gruesos que les permitían sostener en alto granos más grandes y pesados. Además, estas cepas enanas de trigo y arroz destinan más energía a producir granos que a desarrollar sus tallos y hojas, lo cual aumenta aún más la cosecha. Pero este rendimiento asombroso depende de que se les aporte una nutrición mejorada mediante fertilizantes externos desarrollados en la primera mitad del siglo XX. En otras palabras, para producir más frutas y semillas para nuestro consumo, estas nuevas cepas necesitan «comer» más rápidamente y en más cantidad que las anteriores.

Entre 1960 y 1980, el uso de fertilizantes de potasio, fosfato y nitrógeno en la agricultura estadounidense se duplicó, triplicó y cuadruplicó, respectivamente. ¡Y el uso de estas sustancias químicas en el cultivo de la soja aumentó en cerca del 1.000 por ciento! En 1964, menos de la mitad de los campos de trigo de Estados Unidos se trataban con fertilizante de nitrógeno sintético; en 2012, cerca del 90 por ciento de los trigales se fertilizaban con fertilizante sintético. A lo largo de este período, los campos de trigo prácticamente han duplicado su producción a unas cincuenta fanegas por media hectárea (el quíntuple que a principios del siglo xx). Las inmensas ganancias agrícolas tanto en Estados Unidos como en otros países agrícolas occidentales empezaron a apreciarse también en países del mundo en desarrollo, como México, India, China, Vietnam y muchos otros lugares que adoptaron las nuevas tecnologías.

Norman Borlaug recibió el Premio Nobel en 1970 por su aportación al desarrollo de cepas enanas de alto rendimiento y por su papel en la implantación de estas en la agricultura en los países en desarrollo. Cabe destacar que Borlaug no recibió dicho galardón en una de las categorías científicas, sino el Premio Nobel de la Paz. Se cree que su labor evitó que más de mil millones de personas murieran de inanición. Entre 1965 y 1970, las cosechas de trigo en Pakistán y la India se duplicaron gracias a la labor de Borlaug y de tantos otros científicos que se dedicaban a desarrollar cepas de alto rendimiento de cereales, a ampliar las infraestructuras de irrigación, a modernizar las técnicas de gestión y a distribuir semillas híbridas, fertilizantes sintéticos y pesticidas entre los agricultores. A mediados de la década de 1960, en la India, con una población que bordeaba los 700 millones de habitantes, había hambre, y los agricultores no eran capaces de satisfacer la demanda. En 2016, el país contaba con el doble de esa población y, pese a ello, ¡exportaba alimentos! Con ello no quiero decir que en la India no se pase hambre; por desgracia, la desnutrición está extendida en muchas zonas. Pero se debe a motivos económicos, no agronómicos. Con la adopción de las tecnologías modernas, la India se convirtió en una potente central agrícola.

Estos avances recibieron el nombre de «revolución verde» (debido a la moda del momento de poner un color a las revoluciones, como roja o blanca). La revolución verde no está exenta de problemas. La cantidad de fertilizantes aplicados a los campos es superior a la que necesitan las cosechas, de manera que la mayoría de los minerales se desperdician y pueden acabar en reservas de agua naturales, donde pueden hacer que prosperen las algas y aparezcan «zonas muertas» hipóxicas en las que a los peces y otras criaturas marinas les cuesta sobrevivir. El fosfato y el potasio son recursos mineros no renovables y, si bien al ritmo de consumo actual quedan reservas suficientes para muchas décadas, conviene conservar estos recursos para el futuro. Además, el cultivo de cepas de alto rendimiento ha conllevado una drástica reducción de la diversidad genética de los cultivos de uso agrícola. Antes de la revolución verde se cultivaban en la India miles de variedades de arroz, mientras que en la mayoría de los arrozales actuales del país se siembra una de las diez únicas variedades de alto rendimiento comercializadas.

Una tercera revolución agrícola que actualmente tiene lugar en los laboratorios de todo el mundo tiene por meta solventar los detrimentos de la revolución verde a la par que se mantiene el alto rendimiento necesario para alimentar a los miles de millones de habitantes del planeta. La tercera revolución agrícola tiene por objetivo, precisamente, controlar cuánto come una planta. Tal como la medicina personalizada tiene por fin proporcionar tratamientos precisos para cada persona, la «agricultura de precisión» busca ofrecer soluciones exactas para cada cultivo, campo e incluso planta. Por ejemplo, mediante tecnologías informáticas y de detección remota, los agricultores aplican en la actualidad cantidades precisas de fertilizantes a sus campos justo cuando y donde se necesitan. Además de idear nuevas prácticas agrícolas sostenibles, los botánicos desarrollan nuevas cepas. Ahora que los científicos conocen la base genética de muchos de los rasgos de la «revolución verde», dichos rasgos pueden incorporarse a muchas otras variedades más tradicionales e incrementar con ello la diversidad de las cosechas al tiempo que se conserva su rendimiento. Científicos botánicos de todo el mundo se esfuerzan por desarrollar nuevas cepas que retengan el rendimiento y requieran un uso mucho más reducido de fertilizantes y agua. Para lograrlo primero debemos entender cómo «saborea» una planta los minerales, cómo los percibe y los absorbe, y luego esforzarnos por desarrollar nuevas cepas que lo hagan de una manera mucho más eficaz, cosa que permita reducir el uso de fertilizantes.

Y si las plantas pueden «oler» a su modo único sin nervios olfativos y «saborear» las sustancias químicas del suelo sin tener lengua, ¿es posible que puedan «notar» sin tener nervios sensoriales?

4

¿Qué notan las plantas?

Tocaré cien flores y no arrancaré ninguna.
Edna St. Vincent Millay,
«Afternoon on a Hill»

La mayoría de nosotros interactuamos con plantas a diario. En ocasiones nos resultan suaves y agradables, como la hierba en el parque cuando nos damos el gusto de echarnos una siestecita a mediodía o unos pétalos de rosa frescos esparcidos sobre sábanas de seda. En otras ocasiones se nos antojan duras y punzantes, como cuando esquivamos los molestos espinos para llegar a una zarzamora en un sendero a través del bosque o cuando tropezamos con el tronco nudoso de un árbol que ha levantado el pavimento. Sin embargo, en la mayoría de las ocasiones, las plantas son objetos pasivos, decoraciones inertes con las cuales interactuamos sin prestarles demasiada atención. Le arrancamos los pétalos a una margarita, serramos las ramas antiestéticas de un árbol... Pero ¿qué pasaría si las plantas supieran que las estamos tocando?

Probablemente le sorprenda, o incluso le desconcierte, descubrir que las plantas saben cuándo las tocan. Y no queda ahí la cosa, sino que distinguen entre frío y calor y saben cuándo el viento mece sus ramas. Las plantas notan el contacto directo: algunas, como las parras, empiezan a crecer rápidamente al entrar en contacto con un objeto como una verja a la que pueden enroscarse, y supuestamente la venus atrapamoscas cierra sus mandíbulas de golpe en cuanto un insecto se posa en sus hojas. Además, al parecer, a las plantas no les gusta que las toquen demasiado: prueba de ello es que el mero hecho de tocarlas o agitarlas puede alterar o incluso detener su crecimiento.

Por supuesto, las plantas no «notan» en el sentido tradicional del término. Tampoco sienten remordimientos ni tienen un pálpito con respecto a un nuevo empleo. No tienen una conciencia intuitiva de un estado mental o emocional. Pero sí perciben sensaciones táctiles y algunas son incluso más «sensibles» que nosotros. Plantas como el pepino estrella (*Sicyos angulatus*) son hasta diez veces más sensibles que nosotros al tacto. Las enredaderas de un pepino estrella son capaces de notar una cuerda de solo 0,25 gramos de peso, suficiente para inducir a la parra a empezar a enroscarse alrededor de un objeto cercano. En cambio, la mayoría de las personas notamos la presencia de un cordel muy ligero solo si pesa un mínimo de dos gramos. Aunque una planta puede ser más sensible al tacto que un ser humano, las plantas y los animales presentan similitudes asombrosas con respecto a este sentido.

Nuestro sentido del tacto transmite sensaciones muy diferentes, desde una quemadura dolorosa hasta la leve caricia de una brisa. Al entrar en contacto con un objeto se activan nervios que envían al cerebro una señal comunicándole el tipo de sensación: presión, dolor, temperatura, etc. Todas las sensaciones físicas se perciben a través del sistema nervioso mediante neuronas sensoriales específicas de la piel, los músculos, los huesos, las articulaciones y los órganos internos. La acción de distintos tipos de neuronas sensoriales nos lleva a experimentar un amplio abanico de sensaciones físicas, que van desde un hormigueo hasta un dolor agudo, calor, una caricia o un dolor amortiguado, por mencionar algunas. De la misma manera que existen distintos tipos de fotorreceptores específicos para diversos colores de luz, existen neuronas sensoriales específicas para distintas experiencias táctiles. Los receptores que se activan cuando una hormiga camina por nuestro brazo o cuando nos dan un masaje sueco intenso en un balneario son distintos. Nuestros cuerpos cuentan con receptores para el frío y con receptores para el calor. Pero la forma de funcionar de todos esos tipos de neuronas sensoriales es, en esencia, idéntica. Cuando se toca algo con los dedos, las neuronas sensoriales del tacto (conocidas como mecanorreceptores) transmiten una señal a una neurona intermediaria que conecta con el sistema nervioso central de la médula espinal. Desde allí otras neuronas transmiten la señal al cerebro, que nos dice que hemos notado algo.

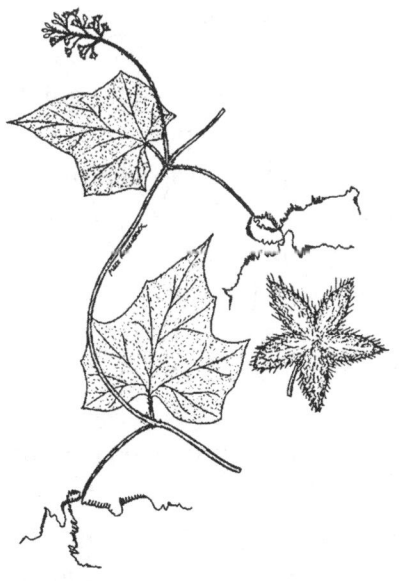

Pepino estrella (*Sicyos angulatus*)

El principio implicado en la comunicación neuronal es el mismo para todas las células nerviosas: la electricidad. El estímulo inicial empieza como una reacción electroquímica rápida conocida como despolarización que se propaga a todo lo largo del nervio. Esta onda eléctrica impacta en la neurona adyacente y continúa a lo largo de esa nueva neurona y así sucesivamente, hasta llegar al cerebro. Cualquier bloqueo en la transmisión de la señal en cualquier etapa puede ser catastrófico, como ocurre en el caso de una lesión traumática de la médula espinal, que interrumpe esta señal y conlleva la pérdida de la sensación en las extremidades afectadas.

Y aunque los mecanismos que se encargan de la transmisión de señales electroquímicas son complejos, los principios básicos son simples. Tal como una batería mantiene su carga albergando distintos electrólitos en distintos compartimentos, una célula tiene una cierta carga en función de las diversas cantidades de las varias sales que hay tanto en su interior como en su exterior. En el exterior de las células hay más sodio y en el interior más potasio. (Por eso es tan importante llevar una dieta donde las sales estén equilibradas.) Cuando se activa un mecanorreceptor, pongamos por caso cuando el dedo pulgar acciona la barra espaciadora de un teclado, se abren canales específicos cerca del punto de contacto en la membrana celular que permiten la entrada de sodio en la célula. Este movimiento del sodio modifica la carga eléctrica, cosa que hace que se abran otros canales y penetre más sodio. Esto provoca una despolarización que se propaga a todo lo largo de la neurona como una ola a lo ancho de un océano.

En el extremo de una neurona, en el punto donde se une con la adyacente, este potencial de acción provoca una rápida alteración de la concentración de un ion adicional, el calcio. Este pico de calcio es necesario para que la neurona activa libere los neurotransmisores que recibe la neurona siguiente. Los neurotransmisores que se fijan a la segunda neurona inician nuevas olas de potenciales de acción. Estos picos de la actividad eléctrica ejemplifican cómo se comunican los nervios, ya sea desde un receptor hasta el cerebro o desde el cerebro a un músculo para provocar un movimiento. Los ubicuos monitores de eventos cardíacos de los hospitales describen este tipo de actividad eléctrica en relación con la función cardíaca: un pico de actividad seguido de una recuperación que se repite una y otra vez. Las neuronas mecanosensoriales envían picos de actividad similares al cerebro y la frecuencia de dichos picos transmite la intensidad de la sensación.

Ahora bien, en términos biológicos, el tacto y el dolor no son el mismo fenómeno. El dolor no solo está provocado por un aumento de las señales que emiten los receptores táctiles. Nuestra piel cuenta con neuronas receptoras específicas para distintos tipos de contacto, pero también con neuronas receptoras únicas para distintos tipos de dolor. Los receptores del dolor (llamados «nociceptores») requieren un estímulo mucho más potente para enviar potenciales de acción al cerebro. El ibuprofeno, el paracetamol y otros analgésicos funcionan porque silencian específicamente la señal procedente de los nociceptores, pero no los mecanorreceptores.

De manera que el tacto humano es una combinación de acciones de dos partes diferentes del cuerpo: las células que notan la presión y la transforman en una señal electroquímica y el cerebro que procesa esa señal electroquímica, la clasifica en un tipo de sensación concreta y desencadena una reacción. Pero ¿qué sucede en las plantas? ¿Tienen mecanorreceptores?

La venus atrapamoscas

La venus o dionea atrapamoscas[*] (de nombre científico *Dionaea muscipula*) es el ejemplo paradigmático de una planta que reacciona al tacto. Crece en las ciénagas de las dos Carolinas, donde los suelos carecen de nitrógeno y fósforo. Para sobrevivir en un entorno nutricionalmente tan pobre, la dionea ha desarrollado la asombrosa capacidad de obte-

---

[*] La parte «venus» del nombre de la planta no guarda relación alguna con la ciencia, sino con las lascivas imaginaciones de los botánicos ingleses del siglo XIX. Véase: <www.sarracenia.com/faq/faq2880.html>.

ner nutrición no solo de la luz, sino también de los insectos (y de animalillos pequeños). Estas plantas realizan las fotosíntesis, como todas las plantas verdes, pero además son carnívoras y suplementan su dieta con proteína animal.

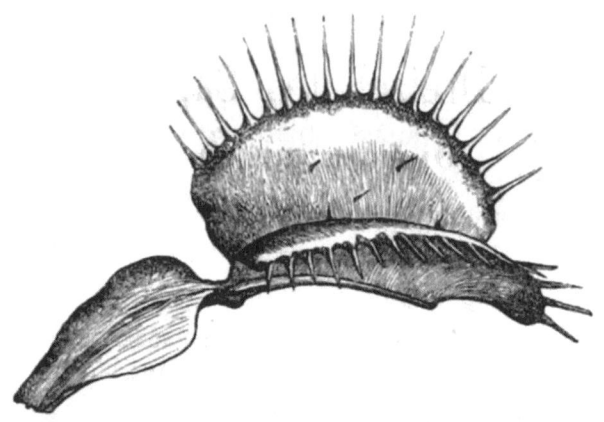

Venus atrapamoscas (*Dionaea muscipula*)

Las hojas de la venus atrapamoscas son inconfundibles: están rematadas por dos lóbulos principales conectados por una nervadura central y bordeados por largas protrusiones, denominadas «cilios», que recuerdan a los dientes de un peine. Estos dos lóbulos, conectados por uno de los lados por una especie de bisagra, suelen estar ligeramente entreabiertos, creando una estructura en forma de V. Por sus caras internas presentan tonalidades rosáceas y moradas y excretan un néctar irresistible para muchos animales. Cuando una mosca ingenua, un escarabajo curioso o incluso una pequeña rana extraviada caminan por la superficie de las hojas, ambas se cierran como accionadas por un muelle muy potente y atrapan a su presa desprevenida entre sus barrotes de cilios endentados.* La trampa se cierra a una velocidad

* Véase <www.youtube.com/watch?v=ymnLpQNyI6g> para contemplar un magnífico ejemplo de la venus atrapamoscas en acción.

pasmosa: a diferencia de nuestros fútiles intentos de aplastar a una mosca molesta, la venus atrapamoscas se cierra en menos de una décima de segundo. Una vez activada, la trampa excreta jugos digestivos que disuelven y absorben a la pobre presa.

Las fascinantes peculiaridades de la venus atrapamoscas llevaron a Charles Darwin, uno de los primeros científicos que publicó un estudio en profundidad sobre esta planta y otra flora carnívora, a describirla como «una de las [plantas] más maravillosas del mundo».[1] El interés de Darwin por las plantas carnívoras ilustra que la curiosidad ingenua puede inducir a un científico avezado a descubrimientos novedosos. Darwin empieza su tratado de 1875 *Plantas insectívoras* como sigue: «Durante el verano de 1860 fui sorprendido al hallar cuán grande era el número de insectos capturados por las hojas del rocío de sol común (*Drosera rotundifolia*) en un breñal de Sussex. Había oído que los insectos eran atrapados así, pero no conocía más detalles sobre el tema».[2] Y de no saber prácticamente nada sobre este asunto, Darwin pasó a convertirse en el máximo experto en plantas carnívoras del siglo xix, incluida la venus atrapamoscas, y su obra sigue siendo una referencia a día de hoy.

Ahora sabemos que la venus atrapamoscas nota a su presa y detecta si el organismo que avanza lentamente por el interior de su trampa tiene un tamaño adecuado para su consumo. En la superficie rosa interior de cada lóbulo hay varios pelos negros largos que funcionan como gatillos para que la trampa se cierre. Sin embargo, para accionarla no basta con rozar un solo pelo; diversos estudios han demostrado que al menos hay que tocar dos de ellos en menos de veinte segundos. Esto garantiza que la presa presente un tamaño adecuado y no pueda escabullirse una vez cerrada la trampa. Estos pelos son extremadamente sensibles, pero también muy selectivos. Tal como destacó Darwin en *Plantas insectívoras*:

Gotas de agua o un fino reguero entrecortado cayendo desde una altura sobre los filamentos no provocan que las láminas se cierren. [...] Sin duda, como en el caso de *Drosera*, la planta es indiferente a los fuertes chaparrones de lluvia. [...] También soplé, lo más fuerte que pude, muchas veces a través de un fino tubo puntiagudo contra los filamentos sin que hubiera efecto: tales soplidos fueron recibidos con la mayor indiferencia como sin duda lo sería un fuerte golpe de viento. De este modo, vemos que la sensibilidad de los filamentos es de naturaleza especializada.[3]

Aunque Darwin describió con enorme detalle la serie de acontecimientos que llevaron a la trampa a cerrarse y la aportación nutritiva de la proteína animal a las plantas, no consiguió descifrar el mecanismo de la señal que discriminaba entre la lluvia y una mosca y permitía el apresamiento rápido del insecto. Convencido de que la hoja absorbía algún aroma a carne de la presa que caminaba sobre sus lóbulos, Darwin probó a colocar todo tipo de proteínas y sustancias sobre la hoja. Tales estudios fueron en balde, pues no pudo provocar que la trampa se cerrara con ninguno de sus tratamientos.

Fue su coetáneo John Burdon-Sanderson quien descubrió cómo funcionaba el mecanismo que la accionaba.[4] Burdon-Sanderson, profesor de Fisiología Práctica en el University College de Londres y médico de formación, estudiaba los impulsos eléctricos detectados en todos los animales, desde las ranas hasta los mamíferos, pero a partir de su correspondencia con Darwin se le despertó la fascinación por la venus atrapamoscas. Burdon-Sanderson colocó con sumo cuidado un electrodo en una hoja de venus atrapamoscas y descubrió que el contacto con dos filamentos desencadenaba un potencial de acción muy similar a los observados cuando los músculos de los animales se contraen. Averiguó que la corriente eléctrica tardaba varios segundos en regresar a su estado de reposo después de haberse iniciado. Y constató que, cuando un insecto roza los filamentos interiores de la trampa, induce una despolarización detectable en ambos lóbulos.

El descubrimiento de Burdon-Sanderson de que la presión ejercida sobre dos filamentos provoca una señal eléctrica seguida por el cierre de la trampa fue uno de los más relevantes de su carrera y la primera demostración de que la actividad eléctrica regula el desarrollo de las plantas. Pero Burdon-Sanderson no pudo más que formular la hipótesis de que la señal eléctrica era la causa directa de que la trampa se cerrara. Más de cien años después, Alexander Volkov y sus colegas de la Universidad de Oakwood, en Alabama, demostraron que la estimulación eléctrica en sí es la señal que causa el cierre de la trampa.[5] Aplicaron una forma de terapia de electrochoque para abrir los lóbulos de la planta y la trampa se cerró sin que existiera ningún contacto directo con los filamentos activadores. El trabajo de Volkov e investigaciones previas en otros laboratorios también dejaron claro que la trampa recuerda si solo se ha tocado un filamento y que aguarda hasta que se acciona un segundo para cerrarse.[6] Finalmente, en los últimos años, tales investigaciones han arrojado luz sobre el mecanismo que permite que la venus atrapamoscas recuerde cuántos de sus cilios se han tocado, cosa que analizaré en detalle en el capítulo 7. Antes de analizar los mecanismos memorísticos de las plantas debemos dedicar un tiempo a descifrar la conexión entre la señal eléctrica y el movimiento de las hojas.

Energía hidráulica

Burdon-Sanderson observó que el impulso eléctrico que había detectado en el cierre de la venus atrapamoscas era muy similar a la acción de un nervio y un músculo al contraerse. Y aunque tenía claros los potenciales de acción en ausencia de nervios, no atinaba a descifrar el mecanismo del movimiento en ausencia de músculos. A su entender, el potencial de acción de una planta no tenía un objetivo claro sobre el cual actuar para inducir el cierre de la trampa, como podría ser un músculo.

Estudios realizados en la *Mimosa pudica* proporcionaron un maravilloso sistema experimental para entender los movimientos de las hojas, que luego pudo extrapolarse a otras plantas. La *Mimosa pudica* es oriunda de Centroamérica y Sudamérica, pero se cultiva en todo el mundo como planta ornamental por sus fascinantes hojas móviles. Dichas hojas son hipersensibles al tacto y, si se las recorre con un dedo, se pliegan rápidamente hacia dentro y se marchitan. Varios minutos más tarde vuelven a abrirse, y vuelven a cerrarse al contacto. El nombre *pudica* alude a este movimiento de retraimiento. Significa «tímida» en latín. De hecho, en muchas regiones esta planta se conoce con el nombre «la planta sensible». Por su insólito comportamiento recibe el nombre de «falsa muerte» en las Indias Occidentales, en hebreo se la conoce como la planta «no me toques» y en bengalí se la denomina «virgen tímida».

La característica acción de retraimiento y abertura de la mimosa es muy similar a la de la venus atrapamoscas incluso desde la electrofisiología. Así lo constató sir Jagadish Chandra Bose, un destacado médico y fisiólogo vegetal de Calcuta, India.[7] Mientras llevaba a cabo sus investigaciones en el Davy Faraday Research Laboratory de la Royal Institution of Great Britain, Bose informó a la Royal Society en una conferencia impartida en 1901 de que el contacto desataba un potencial de acción eléctrica que se extendía a todo lo largo de la hoja y daba lugar al rápido cierre de las hojitas de la mimosa. (Por desgracia, Burdon-Sanderson fue muy crítico con el trabajo de Bose y recomendó que su artículo sobre la mimosa no se incluyera en *Proceedings of the Royal Society of London*, pese a que estudios subsiguientes en numerosos laboratorios han demostrado con el tiempo que Bose estaba en lo cierto.)[8]

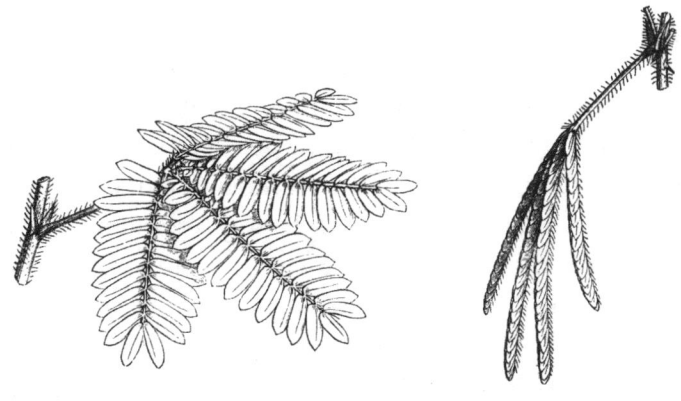

Mimosa pudica

Los estudios revelaron que cuando la señal eléctrica actúa sobre un grupo de células llamadas «pulvinos» (las células motoras que mueven las hojas) desencadena la acción de retraimiento de las hojas de la mimosa. Para entender cómo los pulvinos mueven las hojas en ausencia de musculatura hay que tener unas ciertas nociones básicas de biología celular vegetal. Las células vegetales tienen dos partes principales. El protoplasto, similar a las células de los animales, recuerda a un globo de agua: una delgada membrana envuelve un interior líquido. Dicho interior se compone de varias partes microscópicas, incluidos el núcleo, las mitocondrias, las proteínas y el ADN. La peculiaridad de las células vegetales es que el protoplasto está encerrado dentro de la segunda parte, la estructura con forma de caja que recibe el nombre de «tabique celular». El tabique celular es el que confiere fuerza a la planta en ausencia de un esqueleto que la sostenga. En la madera, el algodón y las nueces, por ejemplo, los tabiques celulares son gruesos y resistentes, mientras que en las hojas y los pétalos son finos y flexibles. (Los seres humanos dependemos sobremanera de dichos tabiques celulares, puesto que se utilizan para fabricar papel, mobiliario, ropa, cuerdas e incluso combustible.)

Normalmente, el protoplasto contiene tanta agua que ejerce una gran presión en el tabique celular que lo rodea, cosa que permite a las células vegetales mantenerse muy tensas y erectas y sostener el peso. En cambio, cuando a una planta le falta agua, la presión en los tabiques celulares disminuye y la planta se marchita. La planta puede controlar cuánta presión aplica al tabique celular bombeando agua dentro y fuera de las células. Los pulvinos están presentes en la base de cada hojita de la mimosa y funcionan como minibombas hidráulicas que mueven las hojas. Cuando los pulvinos se llenan de agua, abren las hojas, y cuando la pierden, baja la presión y las hojas se repliegan sobre sí mismas.

¿Qué función ejercen entonces los potenciales de acción eléctricos? Son la señal esencial que informa a la célula de si debe bombear agua hacia dentro o hacia afuera. En condiciones normales, cuando las hojas de la mimosa están abiertas, los pulvinos están llenos de iones de potasio. La alta concentración de potasio dentro de la célula en relación con el exterior hace que penetre agua en la célula en un intento vano de diluir el potasio, cosa que da lugar a una gran presión en el tabique celular y, por ende, a unas hojas bien erectas. Los canales de potasio se abren cuando la señal eléctrica llega a los pulvinos y, cuando el potasio deja la célula, el agua lo acompaña; esto provoca que las células se vuelvan flácidas. Una vez transmitida la señal, los pulvinos bombean potasio en las células nuevamente y la consiguiente entrada de agua abre otra vez la hoja. El calcio, el mismo ion esencial para la comunicación neuronal en los humanos, regula la apertura de los canales de potasio y, tal como veremos, es esencial para la reacción al tacto de una planta.

Contacto negativo

A principios de la década de 1960, Frank Salisbury estudiaba las sustancias químicas que inducen el florecimiento de la bardana común (*Xanthium strumarium*), una mala hierba presente en toda Norteamérica y célebre, sobre todo, por sus cardillos redondos que los senderistas encuentran con frecuencia colgando de su ropa. Para entender el crecimiento de la planta, Salisbury y su equipo de técnicos de la Colorado State University decidieron registrar el aumento diario de la longitud de las hojas sobre el terreno, midiéndolas físicamente con una regla. Perplejo, Salisbury detectó que las hojas que medían nunca alcanzaban su longitud normal. Y no solo eso, sino que, conforme el experimento avanzó, acabaron amarilleando y muriendo. En cambio, las hojas de la misma planta que no se estaban manipulando ni midiendo prosperaban. En palabras de Salisbury: «¡Nos encontramos con el fascinante hallazgo de que es posible matar una hoja de la bardana común con solo tocarla unos segundos cada día!».[9]

Bardana común (*Xanthium strumarium*)

Puesto que a Salisbury le interesaban otros temas, transcurrió una década antes de que sus observaciones se enmarcaran en un contexto más amplio. Mark Jaffe, un fisiólogo vegetal que trabajó en la Ohio University a principios de la década de 1970, identificó que aquella inhibición del crecimiento inducida por el tacto es un fenómeno general en la botánica. Acuñó el engorroso término de «tigmomorfogénesis», del griego *tigmo-* («tacto») y *morfogénesis* («creación de forma»), para describir el efecto general de la estimulación mecánica en el crecimiento de las plantas.[10]

Obviamente, las plantas están expuestas a multitud de tensiones táctiles, como el viento, la lluvia y la nieve, y los animales suelen entrar en contacto con muchas de ellas. De manera que, en retrospectiva, no es tan sorprendente que una planta retrase su crecimiento en reacción al tacto. Una planta percibe en qué tipo de entorno vive. Los árboles que viven en las alturas de una cordillera suelen estar expuestos a fuertes vientos y se adaptan a esta tensión ambiental limitando el crecimiento de sus ramas y desarrollando troncos gruesos y de baja altura. La misma especie de árbol cultivado en un valle guarecido será alta y esbelta y tendrá multitud de ramas. El retraso del crecimiento en respuesta al contacto es una adaptación evolutiva que aumenta las posibilidades de una planta de sobrevivir a múltiples perturbaciones (a menudo violentas). En efecto, desde el punto de vista ecológico, una planta debe tomar las mismas decisiones que adoptaríamos nosotros si fuéramos a construirnos un hogar. ¿Qué cantidad de recursos debemos destinar a los cimientos? ¿Y al armazón? Si se reside en una zona con suaves vientos o con bajo riesgo sísmico, entonces pueden desviarse más recursos al aspecto exterior de la vivienda. En cambio, en una zona ventosa o con un riesgo elevado de terremotos, los recursos deben emplearse en construir unos cimientos y un armazón sólidos.

Así ocurre también en el caso de la pequeña planta de la *Arabidopsis thaliana* que hemos tratado en el primer capítulo. Una arabidopsis a la que se toca varias veces al día en el laboratorio será mucho más achaparrada y florecerá mucho más tarde que una que crece en plena naturaleza. El mero hecho de acariciarle las hojas tres veces al día modifica por completo su desarrollo físico. Y si bien esta alteración del crecimiento general tarda varios días en apreciarse, la reacción celular inicial en realidad es muy rápida.

De hecho, Janet Braam y sus colegas de la Rice University demostraron que el simple hecho de tocar una hoja de arabidopsis provoca una rápida modificación en la estructura genética de la planta.

Braam descubrió este fenómeno por casualidad. En un principio, siendo una joven con una beca de investigación en la Stanford University, lo que le interesaba no era estudiar el efecto del tacto en las plantas, sino los programas genéticos activados por las hormonas vegetales. En uno de sus experimentos diseñados para elucidar el efecto de la hormona giberelina en la biología vegetal roció esta hormona sobre hojas de arabidopsis y luego comprobó qué genes se activaban con el tratamiento. Descubrió que varios de ellos se activaban enseguida tras aplicar el espray y dio por sentado que reaccionaban a la giberelina. Pero resultó que su actividad aumentaba después de rociarlos con varias sustancias, incluso agua.

Impertérrita, Braam siguió adelante en su intento por averiguar qué genes se activaban incluso con agua. Y vivió un verdadero momento eureka al constatar que el factor común de todos los tratamientos era la «sensación física» de ser rociadas con soluciones. Braam planteó la hipótesis de que los genes que descubrió respondían al tratamiento físico de las hojas. Para comprobarla, continuó el experimento, pero, en lugar de rociar las plantas con agua, se limitó a tocarlas. Para su satisfacción, se activaron los mismos genes que lo habían hecho al rociar las plantas con la hormona o agua. Braam entendía que esos genes recién descubiertos se activaban mediante el tacto y los bautizó con el atinado nombre de «genes *TCH*», pues se inducían mediante el contacto.[11]

Para entender bien la importancia de este descubrimiento es preciso hacer un análisis rápido del funcionamiento general de los genes. El ADN presente en el núcleo de cada célula que compone una planta de arabidopsis contiene unos veinticinco mil genes. En su nivel más básico, cada gen codifica una proteína. Mientras que el ADN es idéntico en todas las células, las distintas células contienen distintas proteínas. Por ejemplo, una célula de una hoja contiene proteínas diferentes de las de una célula de la raíz. La célula de la hoja contiene proteínas que absorben la luz para la fotosíntesis, mientras que la célula de la raíz contiene proteínas que le ayudan a absorber minerales del suelo. Varios tipos de células contienen distintas proteínas porque en cada célula hay diversos genes activos o, para ser más exactos, porque se transcriben varios genes. Si bien algunos genes están transcritos en todas las células (como los necesarios para hacer membranas, por ejemplo), la mayoría solo están transcritos en subgrupos específicos de tipos celulares. De manera que, si bien cada célula tiene el «potencial» de activar cualquiera de los veinticinco mil genes, en la práctica solo varios miles están activos en un tipo de célula concreto. Para complicar aún más las cosas, el entorno exterior también controla muchos genes. Algunos se transcriben en las hojas solo si estas detectan luz azul, otros se transcriben en plena noche, otros tras un golpe de calor, otros tras un ataque bacteriano y algunos con el tacto.

¿Qué son estos genes activados por el tacto? Los primeros genes *TCH* que Braam identificó codifican proteínas involucradas en la señalización del calcio en la célula. Tal como hemos visto con anterioridad, el calcio es uno de los iones de sal importantes para la regulación tanto de la carga eléctrica de la célula como de la comunicación intercelular. En las células vegetales, el calcio ayuda a mantener la turgencia de las células (como en los pulvinos en el caso de la mimosa) y también forma parte del tabique celular de la planta. El calcio es esencial en los humanos y otros animales para propagar señales eléctricas entre neuronas y para la contracción muscular. Aunque todavía no sabemos con certeza cómo regula fenómenos tan diversos de manera simultánea, es un campo objeto de estudio intenso.

Los científicos saben que, tras producirse una estimulación mecánica, como la agitación de una rama o la colisión de una raíz con una roca, la concentración de iones de calcio en las células de una planta aumenta rápidamente y luego vuelve a decrecer. Este pico de calcio afecta a la carga de toda la membrana celular, así como, de manera directa, a múltiples funciones celulares, pues actúa como una especie de «mensajero secundario», una molécula mediadora que transmite información desde receptores específicos hasta resultados específicos. Por sí solo, el calcio soluble libre no resulta muy eficaz para provocar ninguna reacción, ya que la mayoría de las proteínas no se fijan directamente a él; de ahí que, tanto en las plantas como en los animales, el calcio acostumbre a funcionar en conjunción con un reducido número de proteínas fijadoras.

Entre ellas, la más estudiada es la calmodulina (proteína modulada por el calcio). La calmodulina es una proteína relativamente pequeña pero importante y, cuando se fija al calcio, interactúa y modula la actividad de varias proteínas implicadas en procesos en los seres humanos, como la memoria, la inflamación, la función muscular y el desarrollo de los nervios. Volviendo a las plantas, Braam demostró que el primer gen *TCH* codificaba la calmodulina. En otras palabras: cuando se toca una planta, ya sea una arabidopsis o una papaya, una de sus primeras reacciones es generar más calmodulina. Lo más probable es que lo haga para procesar el calcio que libera durante los potenciales de acción.

Gracias a la labor continuada de Braam y otros científicos, hoy sabemos que más del 2 por ciento de los genes de la arabidopsis (incluidos, si bien no de manera exclusiva, genes que codifican la calmodulina y otras proteínas relacionadas con el calcio) se activan cuando un insecto se posa en una de sus hojas, cuando un animal la roza o cuando el viento agita sus ramas.[12] Se trata de una cantidad asombrosamente elevada de genes, que indica cuán transcendental es la reacción de una planta a la estimulación mecánica para su supervivencia.

Sensibilidad vegetal y humana

Los seres humanos notamos sensaciones físicas diversas y complejas gracias a que contamos con nervios receptores mecanosensoriales especializados y un cerebro que traduce las señales recibidas en sensaciones con connotaciones emocionales. Estos receptores nos permiten reaccionar a un amplio espectro de estímulos táctiles. Un mecanorreceptor llamado «discos de Merkel» detecta el tacto y la presión sostenidos en nuestra piel y músculos. Los nociceptores de la boca se activan mediante la capsaicina, la sustancia química ultrapicante de la guindilla, y los nociceptores nos señalan que tenemos el apéndice inflamado antes de una apendicectomía. Los receptores del dolor nos permiten evitar situaciones peligrosas o nos comunican la existencia de un problema físico potencialmente peligroso en el interior de nuestros cuerpos.

En el caso de las plantas, si bien sí tienen sensibilidad al tacto, no notan dolor. Y, además, sus reacciones no son subjetivas. Nuestra percepción del tacto y del dolor es subjetiva y varía de persona en persona. Una suave caricia puede resultar placentera a una persona y provocarle un cosquilleo molesto a otra. La base de tal subjetividad responde tanto a diferencias genéticas que afectan a la presión umbral necesaria para abrir un canal de iones cuanto a diferencias psicológicas que conectan sensaciones táctiles con asociaciones como el miedo, la ansiedad y la tristeza, las cuales pueden exacerbar nuestras reacciones fisiológicas.

Las plantas están exentas de tales limitaciones subjetivas porque carecen de cerebro. Sin embargo, sí notan los estímulos mecánicos y reaccionan a los distintos tipos de modos únicos. Estas reacciones no ayudan a la planta a evitar el dolor, sino que modulan su desarrollo para adaptarse mejor al entorno. Un ejemplo fascinante de ello lo brindaron Dianna Bowles y su equipo de investigadores de la Universidad de Leeds.[13] Estudios previos habían demostrado que dañar una sola hoja de una tomatera suscita reacciones en las hojas intactas de la misma planta (similares al tipo de estudios esbozados en el capítulo 2), como la transcripción de una clase de genes denominados «inhibidores de la proteinasa».

Tomatera (*Solanum lycopersicum*)

Bowles se dispuso a ahondar en la naturaleza de la señal que viaja desde una hoja dañada a una intacta. Hasta entonces, el paradigma aceptado establecía que las venas de una hoja lesionada transportaban una señal química secretada hasta el resto de la planta. Pero Bowles planteó la hipótesis de que se tratara de una señal eléctrica y, para comprobarla, quemó una hoja de tomatera con un bloque de acero caliente y descubrió que era posible detectar una señal eléctrica en el tallo de la planta, lejos de la hoja lastimada. De hecho, la planta seguía notando la señal aunque Bowles congelara la estructura con forma de pedúnculo que conecta la hoja al tallo (llamada «pecíolo»). Averiguó que la congelación del pecíolo bloqueaba el flujo químico entre la hoja y el tallo, pero no así el eléctrico. Además, cuando congeló el pecíolo de la hoja quemada, en las hojas intactas se siguieron transcribiendo los genes inhibidores de la proteinasa. La hoja no notaba dolor. La tomatera no reaccionó al metal candente alejándose, sino advirtiendo a sus otras hojas de un entorno potencialmente peligroso.

El estudio de Bowles se publicó en 1992 en la prestigiosa revista *Nature*. Pero su conclusión de que las plantas emplean señales eléctricas a larga distancia en respuesta a una lesión, con sus evidentes coincidencias con la señalización neuronal en los animales, no contó con la aceptación universal de la comunidad científica, por decirlo amablemente, tal como la identificación de la comunicación volátil entre plantas por parte de Baldwin tampoco se aceptó en un principio.

Dos décadas después de que Bowles investigara las señales eléctricas, Ted Farmer, profesor de la Universidad de Lausana, en Suiza, publicó un estudio que demostraba de manera concluyente que las plantas utilizan mecanismos «parecidos a los nervios» para notar los insectos.[14] Los jóvenes científicos de su equipo demostraron que cuando un bicho mascaba la hoja de una arabidopsis o cuando se lesionaba manualmente una hoja se generaba una corriente eléctrica en la hoja dañada que se propagaba por toda ella hasta el tallo y, de ahí, a las hojas vecinas. Una vez la señal eléctrica llegaba a su meta, la hoja intacta, se descodificaba y desencadenaba la producción de la hormona defensiva ácido jasmónico (vista en el capítulo 2). Pero, en mi opinión, ahora viene la mejor parte: no solo se transmitía una señal eléctrica entre las hojas, sino que para propagar dicha señal eran esenciales proteínas muy similares a las localizadas en la sinapsis neuronal humana. Dicho de otro modo, la lesión de una hoja provocaba una señal eléctrica que, por un lado, dependía de cationes como el calcio y el potasio y, por el otro, de proteínas muy parecidas a los neurorreceptores humanos, y la planta sabe cómo traducir esta señal en una acción: la producción de una hormona para defenderse.

Por el hecho de tratarse de organismos sésiles y arraigados, las plantas no pueden retroceder o escapar, pero sí modificar su metabolismo para adaptarse a distintos entornos. Si bien las plantas y los animales reaccionan de maneras muy distintas al tacto y otros estímulos físicos a nivel orgánico, desde el punto de vista celular las señales iniciadas presentan un parecido desconcertante. La estimulación mecánica de una célula vegetal, como la estimulación mecánica de un nervio, suscita un cambio celular en las condiciones iónicas que desencadena una señal eléctrica. Y tal como sucede en los animales, esta señal puede propagarse de célula en célula e implica la función coordinada de canales de iones de potasio, calcio, calmodulina y otros componentes vegetales.

También tenemos una forma especializada de mecanorreceptores en las orejas. Y si las plantas son sensibles al tacto por el hecho de poseer mecanorreceptores similares a los de nuestra piel, ¿serán capaces también de oír percibiendo el sonido mediante mecanorreceptores similares a los de nuestros oídos?

5
¿Qué oyen las plantas?

La campana del templo se detiene, pero no el sonido que emana de las flores.

MATSUO BASHŌ

En el bosque reverberan infinidad de sonidos. Los pájaros trinan, las ranas croan, los grillos cantan y las hojas susurran mecidas por el viento. Esta orquesta infinita incluye sonidos que denotan peligro, sonidos relacionados con rituales de apareamiento, sonidos de amenaza y sonidos de tranquilidad. Una ardilla sube de un salto a un árbol al oír el crujido de una rama; un pájaro responde al reclamo de otro. Los animales se mueven constantemente en respuesta a los ruidos y, al hacerlo, producen otros nuevos, contribuyendo así a generar una cacofonía cíclica. Pero, por más que el bosque parlotee y crepite, las plantas parecen imperturbables, ajenas al alboroto que las rodea. ¿Acaso no oyen el clamor del bosque? ¿O somos nosotros quienes no atinamos a apreciar sus reacciones?

Estudios de investigación de diversa índole han arrojado luz sobre los sentidos de las plantas, tal como hemos visto hasta el momento. Sin embargo, pocos de ellos ofrecen pruebas creíbles y concluyentes con respecto a la reacción de las plantas al sonido. Y resulta cuando menos sorprendente, a tenor de la cantidad de información anecdótica que tenemos sobre la influencia de la música en el crecimiento vegetal. Mientras que la idea del olfato en las plantas puede generar escepticismo, no ocurre lo mismo en el caso de la audición. Muchos de nosotros hemos escuchado anécdotas acerca de plantas que florecen en estancias donde suena música clásica (si bien hay quien afirma que lo que de verdad estimula el movimiento de las plantas es la música pop).[1] Sucede, no obstante, que por lo general gran parte de los estudios sobre música y plantas los han llevado a cabo alumnos de primaria e investigadores aficionados que no cumplen los controles de laboratorio aplicados en la metodología científica.[2] Y cuando los titulares apuntan a la capacidad de las plantas de oír (con cabeceras como esta de *The New York Times*: «Un estudio demuestra que los depredadores ruidosos ponen a las plantas en alerta»), la realidad es que el estudio solo demuestra que las plantas responden a las vibraciones físicas de los insectos, no a las ondas sonoras.[3] Con todo, un reducido número de informes apunta a que pronto sabremos mucho más acerca de la capacidad auditiva de las plantas.

Antes de profundizar en si las plantas oyen o no, conviene tener unas nociones básicas sobre la audición humana. La audición suele definirse como «la capacidad de percibir el sonido detectando vibraciones mediante un órgano como el oído».[4] El sonido es un continuo de ondas de presión que se propagan a través del aire, del agua e incluso a través de objetos sólidos, como una puerta o la tierra. Estas ondas de presión se desencadenan golpeando algo (por ejemplo, tocando un tambor) o iniciando una vibración repetida (como rasgar una cuerda), cosa que hace que el aire se comprima de manera rítmica. Percibimos estas ondas de presión de aire gracias a una forma particular de mecanorrecepción por parte de unas células pilosas sensibles al tacto que tenemos en el oído interno. Dichas células pilosas son nervios mecanosensoriales especializados, de los cuales surgen unos filamentos como cabellos, denominados «esterocilios», que se curvan cuando una onda de presión atmosférica (un sonido) impacta en ellos.

Las células pilosas de nuestros oídos transmiten dos tipos de información: volumen y tono. El volumen (es decir, la potencia del sonido) lo determina la altura de la onda que llega al oído o lo que se conoce más popularmente como la amplitud de onda. Los ruidos estridentes presentan una amplitud elevada y los sonidos leves, una baja. Cuanto más alta es la amplitud, más se comban los esterocilios. El tono, por su parte, es una función de la frecuencia de las ondas de presión, es decir, cuántas veces por segundo se detecta la onda al margen de su amplitud. Cuanto más rápida la frecuencia de la onda, más rápido se curvan los esterocilios hacia atrás y adelante y más alto el tono.[*]

Cuando los esterocilios vibran en las células pilosas, inician potenciales de acción (tal como hacen otros tipos de mecanorreceptores vistos en el capítulo anterior) que se transmiten al nervio auditivo y desde ahí viajan al cerebro, que traduce la información en distintos sonidos. De manera que la audición humana es el resultado de dos sucesos anatómicos: las células pilosas de los oídos reciben las ondas sonoras y nuestro cerebro procesa la información para que reaccionemos a distintos sonidos. La pregunta que surge es: si las plantas son capaces de detectar la luz sin tener ojos, ¿pueden captar sonido sin tener orejas?

---

[*] Las ondas sonoras se miden en hercios (Hz): 1 Hz equivale a un ciclo de onda por segundo. Los humanos oímos las ondas sonoras en el rango de 20 Hz para los tonos graves y en hasta 20.000 Hz para los más agudos. La nota más grave de un contrabajo, por ejemplo (mi menor), vibra a 41,2 Hz, mientras que la nota más aguda de un violín (mi mayor) vibra a 2.637 Hz. El do más alto de un piano vibra a 4.186 Hz y el do dos octavas por encima de este vibra a unos 16.000 Hz. El oído de un perro reacciona a ondas sonoras por encima de 20.000 Hz (lo cual explica que los humanos no oigamos los silbatos para los perros) y los murciélagos emiten y detectan ondas sonoras rebotadas de hasta 100.000 Hz gracias a su sónar interno, con el que mapean el paisaje que tienen por delante. En el otro extremo del espectro, un elefante oye y vocaliza sonidos por debajo de los 20 Hz, que los seres humanos tampoco detectamos.

Botánica y rocanrol

En un momento u otro, la mayoría de nosotros nos hemos preguntado cómo es posible que las plantas reaccionen a la música. Incluso Charles Darwin (quien, como hemos visto, llevó a cabo una investigación crucial relativa a la visión y la sensibilidad de las plantas hace más de un siglo) estudió si las plantas eran capaces de captar las melodías que se reproducían para ellas. En uno de sus experimentos más extravagantes, Darwin (que, además de su compromiso incólume con la investigación botánica, era un ávido fagotista) supervisó los efectos de la música que él mismo interpretaba en el crecimiento de las plantas con la intención de comprobar si su fagot podía inducir a las hojas de la mimosa a cerrarse (no pudo, y él describió su estudio como «un experimento bobo»).[5]

Mentiría si afirmara que la investigación relativa a las proezas auditivas de las plantas ha florecido desde aquellos intentos fallidos de Darwin. Solo en el pasado año se publicaron centenares de artículos relativos a las reacciones de las plantas a la luz, los olores y el tacto y, en cambio, en todo el último cuarto de siglo apenas han visto la luz un puñado de ellos que aborden específicamente la reacción de las plantas al sonido, y la mayoría no satisfacen mis estándares de lo que podría considerarse una demostración de «audición» en el reino vegetal.

Un ejemplo de estos artículos (un tanto surrealista) apareció en las páginas de *The Journal of Alternative and Complementary Medicine*.[6] Sus autores eran Gary Schwartz, profesor de psicología y medicina, y su colega Katherine Creath, profesora de ciencias ópticas, ambos de la Universidad de Arizona, donde Schwartz fundó el programa de investigación VERITAS.[7] Dicho programa «comprueba la hipótesis de que la conciencia (personalidad o identidad) de una persona perdura tras su muerte física». Como es obvio, estudiar la conciencia tras la muerte plantea ciertas dificultades experimentales, de manera que Schwartz también estudia la existencia de una «energía sanadora».⁸ Dado que los participantes humanos de un estudio pueden estar muy sugestionados, Schwartz y Creath optaron por usar plantas para desvelar los «efectos biológicos de la música, el ruido y la energía sanadora».⁹ Por supuesto, a las plantas no les influye el efecto placebo y, por lo que sabemos, tampoco tienen preferencias musicales (aunque tal vez los investigadores que llevan a cabo y analizan los experimentos sí).

Schwartz y Creath plantearon la hipótesis de que la energía sanadora y la música «melódica» (consistente en sonidos de la naturaleza y de flautas amerindias, que, según indicaron, eran los preferidos de los experimentadores) podían provocar la germinación de semillas.* Según los investigadores, sus datos revelaron que un número ligeramente superior de semillas de calabacín y ocra germinaron en presencia de sonidos musicales, frente a las semillas que se cultivaron en silencio. También señalaron que la velocidad de germinación aumenta como resultado de la energía sanadora que Creath aplicó con sus manos a las semillas.** Huelga decir que estos resultados no han sido validados por investigaciones posteriores en laboratorios de botánica, pero una de

---

* Es interesante que escogieran sonidos «melódicos» porque citan a Pearl Weinberger de la Universidad de Ottawa, quien empleó ondas ultrasónicas (que no tienen nada de melódicas) en sus estudios de las décadas de 1960 y 1970. [Pearl Weinberger y Mary Measures, «The Effect of Two Audible Sound Frequencies on the Germination and Growth of a Spring and Winter Wheat», *Canadian Journal of Botany* 46, 9 (1968), pp. 1151-1158; Pearl Weinberger y Mary Measures, «Effects of the Intensity of Audible Sound on the Growth and Development of Rideau Winter Wheat», *Canadian Journal of Botany* 57, 9 (1979), 1151036-1151039.]

** Creath se había formado en VortexHealing, que se describe como «Tú eres libertad sin límites, la esencia de la vida en sí misma. VortexHealing te provee un camino para despertar a esta esencia, a tu verdadero ser, guiado por la fuente divina de este linaje. Este es el linaje de Merlin». Véase: <www.vortexhealing.com>.

las fuentes que Creath y Schwartz citaban para avalar sus resultados era el libro de Dorothy Retallack *The Sound of Music and Plants*.

Dorothy Retallack se describía a sí misma como «la esposa de un médico, ama de casa y abuela de quince nietos»[10] y en 1964 se matriculó en el primer curso del hoy desaparecido Temple Buell College después de que su último vástago se hubiera licenciado en la universidad.[11] Retallack, una mezzosoprano profesional que solía interpretar en sinagogas, parroquias y funerarias, decidió licenciarse en música por el Temple Buell. Realizó un curso de introducción a la biología para completar sus requisitos científicos y su maestro le solicitó que llevara a cabo un experimento de su interés. Retallack yuxtapuso su trabajo de biología y su pasión por la música y como resultado de ello surgió un libro despreciado por la comunidad científica en general, pero que la cultura popular no tardó en hacer suyo.

The Sound of Music and Plants ofrece una ventana por la cual vislumbrar el clima cultural y político de la década de 1960, al tiempo que arroja luz sobre la perspectiva de la autora. Retallack sale reflejada como una mezcla sin par de conservadora en lo social que creía que la música rock estridente iba asociada con un comportamiento antisocial entre los universitarios y una espiritualista religiosa *new age* que apreciaba una armonía sagrada entre la música, la física y la naturaleza en su conjunto.

Retallack explicó que le había suscitado curiosidad un libro publicado en 1959 y titulado *The Power of Prayer on Plants*, cuyo autor afirmaba que las plantas a las cuales se rezaba prosperaban, mientras que aquellas a las que se bombardeaba con pensamientos negativos perecían.[12] Retallack se preguntaba si podían inducirse efectos similares reproduciéndoles géneros positivos o negativos de música (la regla de lo que se consideraba positivo o negativo estaba dictada, por supuesto, por sus gustos musicales personales). Esta cuestión se convirtió en la base de su trabajo de investigación.

Dorothy Retallack en el laboratorio con su asesor, Francis Broman

Monitorizando el efecto de distintos géneros musicales en el crecimiento de las plantas, Retallack aspiraba a proporcionar a sus coetáneos pruebas de que la música rock era potencialmente dañina, no solo para las plantas, sino también para los seres humanos.

Retallack expuso distintas plantas (filodendros, maíz, geranios y violetas, entre ellas; en cada experimento utilizó una especie diferente) a una recopilación ecléctica de grabaciones, las cuales incluían música de Bach, Schoenberg, Jimi Hendrix y Led Zeppelin, y se dedicó a supervisar su crecimiento. Informó de que las plantas expuestas a música clásica melódica prosperaban (incluso cuando oían Muzak, esa sublime música de ascensor que todos conocemos y amamos), mientras que las expuestas a *Led Zeppelin II* o al disco de Hendrix *Band of Gypsys* presentaron un crecimiento atrofiado. Para demostrar que era la percusión de intérpretes como los legendarios bateristas John Bonham y Mitch Mitchell lo que dañaba las plantas, Retallack repitió sus experimentos usando grabaciones de dichos álbumes, pero silenciando las percusiones.

Según su hipótesis, las plantas no resultaban tan deterioradas como cuando se habían sometido a las atronadoras versiones completas, con batería incluida, de *Whole Lotta Love* y *Machine Gun*. ¿Podía indicar esto que las plantas tenían un gusto musical que coincidía con el de Retallack? Y lo que resulta más inquietante: tras haber crecido estudiando mientras Zeppelin y Hendrix sonaban a todo trapo por el equipo estéreo a todas horas, la primera vez que topé con aquel libro me pregunté si de aquellos resultados podía inferirse que yo también había resultado dañado, puesto que Retallack extrapola a la juventud sus conclusiones sobre el efecto de la música rock en las plantas.

Por suerte para mí y para las hordas de fans de los Zeppelin que campan por el mundo, los estudios de Retallack estaban repletos de defectos científicos.[13] A título de ejemplo, cada experimento se había realizado en un reducido número de plantas (inferior a cinco). El número de réplicas en sus estudios era tan pequeño que no se prestaba al análisis estadístico. El diseño del experimento era pobre (algunos de los estudios se llevaron a cabo en casa de una amiga) y los parámetros, como la humedad del suelo, se determinaron tocando el suelo con un dedo. Si bien Retallack cita a varios expertos en su libro, prácticamente ninguno de ellos es biólogo. Son expertos en música, física y teología, y algunas citas proceden de fuentes sin credenciales científicas. No obstante, lo más relevante es que ningún laboratorio creíble ha replicado su investigación.

En contraste con los estudios iniciales de Ian Baldwin sobre la comunicación entre plantas y las sustancias químicas volátiles (expuestos en el capítulo 2), que en un origen toparon con la reticencia de la comunidad científica general pero posteriormente se validaron en numerosos laboratorios, las plantas musicales de Retallack han quedado relegadas al ostracismo por la ciencia. Y si bien un artículo de periódico informó acerca de sus hallazgos, los intentos de publicar sus resultados en una revista científica reputada fueron infructuosos y su libro acabó publicándose como literatura *new age*. Por supuesto, ello no ha sido óbice para que se haya convertido en parte del *zeitgeist* cultural.

Los resultados del estudio de Retallack también contradecían un estudio importante publicado en 1965.[14] Richard Klein y Pamela Edsall, científicos del Jardín Botánico de Nueva York, decidieron llevar a cabo varias pruebas para determinar si la música influía realmente en las plantas. Se decidieron a hacerlo en respuesta a estudios procedentes de la India que afirmaban que la música aumentaba el número de ramas que brotaban en distintas plantas, una de las cuales era el tagete (*Tagetes erecta*). En un intento por recapitular tales estudios, Klein y Edsall expusieron tagetes a cantos gregorianos, a la Sinfonía n.º 41 en do mayor de Mozart, al *Three to Get Ready* de Dave Brubeck, a *The Stripper* de David Rose Orchestra y a las canciones de los Beatles *I Want to Hold Your Hand* y *I Saw Her Standing There*.

Tagete o caléndula (*Tagetes erecta*)

A partir de su estudio (que empleaba controles científicos estrictos), Klein y Edsall concluyeron que la música no influía en el crecimiento del tagete. Según informaron, recurriendo al humor para transmitir su indignación general por esta línea de investigación: «No se produjo ninguna abscisión en las hojas que pudiera atribuirse a la influencia de *The Stripper* ni tampoco se observó ninguna nutación del tallo en las plantas expuestas a The Beatles».[*, 15] ¿Cómo se explica la contradicción entre estos resultados y los estudios subsiguientes de Retallack? O bien los tagetes de Klein y Edsall tenían unos gustos musicales distintos de los de las plantas de Retallack o, lo más probable, las relevantes deficiencias metodológicas y científicas del estudio de Retallack condujeron a resultados poco fiables.

Mientras que las investigaciones de Klein y Edsall se publicaron en una revista científica profesional y respetada, prácticamente pasaron desapercibidas al público general, y un estudio como el de Retallack continuó dominando la prensa generalista en la década de 1970. También cuenta con un lugar destacado en el icónico libro de Peter Tompkins y Christopher Bird de 1973 *La vida secreta de las plantas*, que se publicitó como «una historia fascinante de las relaciones físicas, emocionales y espirituales entre las plantas y los seres humanos».[16] En un capítulo alegre y maravillosamente escrito titulado «La vida armónica de las plantas», los autores no se limitaban a resaltar que las plantas reaccionaban positivamente a Bach y Mozart, sino que señalaban que tenían una preferencia acusada por la música india tocada con cítara de Ravi Shankar.[**] En su mayoría, los datos científicos recogidos en *La vida secreta de las plantas* se basaban en impresiones subjetivas fundamentadas exclusivamente en el estudio de

---

* La nutación es el balanceo cíclico o movimiento curvo que se da en distintas partes de una planta.

** En *La vida secreta de las plantas* también se enumeran algunos de los defectos del estudio de Retallack.

un reducido número de plantas. El célebre fisiólogo vegetal, profesor y escéptico declarado Arthur Galston lo resumió sin preámbulos en 1974: «El problema de *La vida secreta de las plantas* es que se compone casi exclusivamente de afirmaciones extravagantes presentadas sin pruebas adecuadas que las sustenten».[17] Pero ello tampoco ha impedido que *La vida secreta de las plantas* influya en la cultura moderna.

Un examen pormenorizado de la literatura científica revela resultados diseminados en distintos artículos que informan de otros hallazgos que desbancan la idea de que las plantas tienen preferencias musicales. En el artículo original de Janet Braam sobre la identificación de los genes *TCH* (los genes que se activan al tocar una planta), la autora explicaba que comprobó si, además de los estímulos físicos, la exposición a música estridente también activaba estos genes (en su caso les reprodujo Talking Heads).[18] Por desgracia, no era así. De manera similar, en *Physiology and Behaviour of Plants*, el investigador Peter Scott informaba de una serie de experimentos concebidos para comprobar si la música, en concreto la *Sinfonía concertante* de Mozart y el disco de Meat Loaf *Bat Out of Hell*, influían en el maíz.[19] (Es asombroso lo que nos revelan estos experimentos acerca de los gustos musicales de los científicos.) En el primer experimento, las semillas expuestas a Mozart o Meat Loaf germinaban más rápidamente que las que permanecían en silencio, lo cual era una bendición para quienes afirmaban que la música afecta a las plantas y un cataclismo para quienes creen que Mozart es notablemente mejor que Meat Loaf.

Pero ahí es donde entra en juego la importancia de aplicar unos controles experimentales adecuados. El experimento prosiguió, si bien ahora se desvió de las semillas el aire caliente generado por los altavoces con ayuda de un pequeño ventilador. En este nuevo conjunto de experimentos no se registró ninguna diferencia en la velocidad de germinación entre las semillas que permanecieron en silencio y las expuestas a música. Los científicos descubrieron en el primer

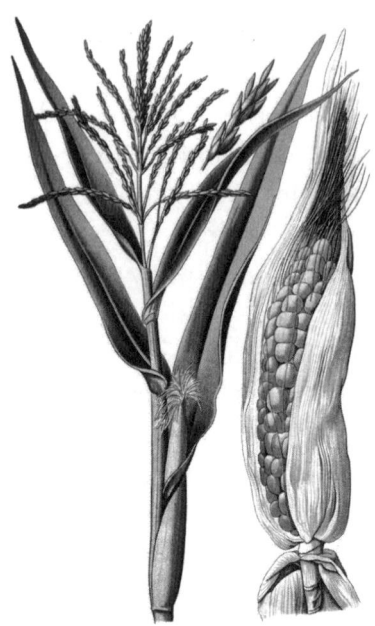

Maíz (*Zea mays*)

grupo de experimentos que los altavoces que reproducían la música emitían calor, lo cual aumentaba la eficiencia de la germinación; de manera que el factor determinante era el calor, no la música de Mozart ni la de Meat Loaf.

Y ahora, manteniendo una visión escéptica, revisemos nuevamente la conclusión de Retallack según la cual las percusiones intensas de la música rock son nocivas para las plantas (y también para los seres humanos). ¿Podría existir una explicación alternativa y con validez científica al hecho de que una batería estridente tenga efectos nocivos en las plantas? Tal como he destacado ya en el capítulo anterior, tanto Janet Braam como Frank Salisbury habían demostrado de manera concluyente que el mero hecho de tocar una planta hacía que creciera menos, se atrofiara o, sin más, pereciera. De ahí que resulte concebible que la percusión del heavy, si suena a través de unos altavoces potentes, conlleve que tales ondas sonoras intensas hagan vibrar las plantas y las «mezan», como si de un vendaval se tratara. En tales circunstancias podríamos esperar un crecimiento atrofiado en las plantas sometidas a Zeppelin, tal como explicó Retallack. Quizá la explicación no sea que a las plantas no les gusta el rock, sino que no les gusta que las mezan. Por desgracia, hasta que se demuestre lo contrario, parece que todas las pruebas apuntan a que las plantas son «sordas» a la música, lo cual resulta interesante si se tiene en cuenta que contienen algunos de genes conocidos por provocar la sordera en los seres humanos.

GENES DE LA SORDERA

El año 2000 fue un hito para las ciencias botánicas. Fue el año en que se comunicó finalmente la secuencia completa del genoma de la *Arabidopsis thaliana*, y la comunidad científica mundial consumió estos datos con avidez. Más de trescientos investigadores en universidades y empresas de biotecnología habían dedicado más de cuatro años a determinar el orden de los cerca de 120 millones de nucleótidos que componen el ADN de la arabidopsis.[20] El coste de sus investigaciones rondó los setenta millones de dólares. (La financiación y el esfuerzo colectivo asociados con este proyecto resultan incomprensibles a día de hoy, puesto que la tecnología ha avanzado hasta tal punto que un solo laboratorio es capaz de secuenciar un genoma de arabidopsis en menos de una semana por menos de un 0,1 por ciento de su coste original.)

La National Science Foundation escogió la arabidopsis en 1990 para ser la primera planta cuyo genoma se secuenciaría, pues presentaba la peculiaridad evolutiva de tener poco ADN en comparación con otras plantas. En realidad, si bien la arabidopsis tiene casi el mismo número de genes (veinticinco mil) que la mayoría de las plantas y los animales, contiene muy poco ADN no codificable, gracias a lo cual resulta relativamente más fácil de secuenciar. El ADN no codificable se encuentra en todo el genoma, entre los genes, en los extremos de los cromosomas e incluso dentro de los genes. Para poner las cosas en perspectiva, basta con aclarar que mientras que la arabidopsis contiene unos veinticinco mil genes en 120 millones de nucleótidos, el trigo presenta el mismo número de genes en 16.000 millones de nucleótidos (y los seres humanos tienen unos veintidós mil genes, menos que una pequeña arabidopsis, en 2.900 millones de nucleótidos).* Debido a su reducido genoma, a su pequeño tamaño y a su rápido tiempo de generación, la arabidopsis se convirtió en la planta más estudiada en las postrimerías del siglo XX, y los estudios realizados en esta mala hierba tan común han propiciado importantes avances en muchos campos. Prácticamente la totalidad de los veinticinco mil genes de la arabidopsis están también presentes en plantas importantes para la agricultura y la economía, como el algodón y la patata. Esto implica que cada gen identificado en la arabidopsis (pongamos por caso un gen resistente a una bacteria concreta de las plantas) puede incorporarse mediante ingeniería en un cultivo para mejorar su rendimiento.

La secuenciación de los genomas de la arabidopsis y el ser humano condujo a hallazgos sorprendentes. El más relevante para el análisis que nos ocupa es que se descubrió que el genoma de la arabidopsis contiene muchos genes conocidos por estar involucrados en enfermedades e incapacidades humanas.[21] (Por otra parte, el genoma humano contiene genes conocidos por participar en el desarrollo de las plantas, como un grupo de genes denominado «signalosoma COP9», que media las reacciones de las plantas a la luz.)[22] Al descifrar la secuencia del ADN de la arabidopsis, los científicos descubrieron que el genoma contiene los

* Estos números deben tomarse con pinzas porque que la definición precisa de «gen» evoluciona cada día y, con ella, las cifras. Sin embargo, las tendencias y escalas generales son correctas.

genes *BRCA* (involucrados en el cáncer de mama hereditario), *CFTR* (responsables de la fibrosis quística) y varios genes que causan problemas auditivos.

Cabe hacer una distinción importante: si bien los genes suelen nombrarse por las enfermedades que se relacionan con ellos, el gen no existe para causar dicha enfermedad o discapacidad. Una enfermedad surge cuando el gen no funciona adecuadamente debido a una mutación, que es un cambio en la secuencia de nucleótidos que construye el gen que altera el código del ADN. Refresquemos nuestros conocimientos básicos de biología humana: nuestro código de ADN consta solo de cuatro nucleótidos diferentes, que se abrevian A, T, C y G. La combinación específica de estos nucleótidos proporciona el código de distintas proteínas. Una mutación o la supresión de varios nucleótidos puede alterar el código con consecuencias catastróficas. Los *BRCA* son genes que, cuando mutan o se alteran, pueden provocar cáncer de mama, pero en circunstancias normales desempeñan un papel clave para determinar cómo saben las células cuándo dividirse. Cuando los genes *BRCA* no funcionan con normalidad, las células se dividen con excesiva frecuencia, cosa que puede derivar en un cáncer. El *CFTR* es un gen que suele regular el transporte de iones de cloruro por la membrana celular, pero, si muta o se altera, provoca fibrosis quística. Cuando esta proteína no funciona correctamente, el transporte de iones de cloruro en los pulmones (y otros órganos) se bloquea y ello conduce a la acumulación de densa mucosidad, que se manifiesta clínicamente como una enfermedad respiratoria.

Los nombres de los genes no guardan relación con sus funciones biológicas, sino con sus repercusiones clínicas. ¿Qué hacen estos genes en las plantas verdes? El genoma de la arabidopsis contiene *BRCA*, *CFTR* y varios centenares de genes adicionales relacionados con enfermedades o afecciones humanas porque son esenciales para la biología celular básica. Estos genes importantes ya habían evolucionado durante unos 1.500 millones de años en el organismo unicelular que fue el ancestro evolutivo común de las plantas y los animales. Por supuesto, las mutaciones en las versiones de la arabidopsis de estos «genes de enfermedades» humanas también alteran el funcionamiento de la planta. Por ejemplo, las mutaciones en los genes del cáncer de mama en la arabidopsis generan una planta cuyas células madre (sí, la arabidopsis tiene células madre) se dividen más que las células normales y la planta en su conjunto se vuelve hipersensible a la radiación, dos aspectos característicos también del cáncer humano.[23]

Ello nos ayuda a entender que un gen «de la sordera» es un gen que, al mutar, provoca sordera en los humanos. Diversos laboratorios en todo el mundo han identificado más de cincuenta genes de la sordera humanos y al menos diez de ellos también están presentes en la arabidopsis. No obstante, el mero hecho de haber descubierto genes de la sordera en el genoma de la arabidopsis no implica que la planta tenga audición, de la misma manera que la presencia del *BRCA* en la arabidopsis no significa que las plantas tengan mamas. Los genes de la sordera humanos desempeñan una función celular imprescindible para que el oído funcione de manera adecuada, y cuando alguno de ellos presenta una mutación, el resultado es la pérdida de audición.

Cuatro de los genes de la arabidopsis relacionados con los problemas de audición codifican unas proteínas muy similares llamadas «miosinas». Las miosinas se denominan «proteínas motoras» porque funcionan como «nanomotores» que, literalmente, transportan y mueven distintas proteínas y orgánulos por la célula. Una de las miosinas que participan en la audición ayuda a formar las células pilosas del oído interno. Cuando dicha miosina presenta una mutación, nuestras células pilosas no se forman correctamente y no reaccionan a las ondas sonoras. En el mundo vegetal encontramos que las plantas tienen apéndices pilosos en las raíces, los cuales reciben el atinado nombre de «pelos radiculares» y ayudan a las raíces a absorber el agua y los minerales del suelo. Cuando se produce una mutación en uno de los cuatro genes de la miosina de la sordera en la arabidopsis, los pelos radiculares no se extienden de manera adecuada y, en consecuencia, las plantas no absorben el agua del suelo con tanta eficacia.[24]

La miosina y los demás genes hallados tanto en las plantas como en los humanos tienen funciones similares a nivel celular. Pero cuando se ponen todas las células juntas, su función para el organismo en concreto difiere: los humanos necesitamos la miosina para facilitar el correcto funcionamiento de los pelos del oído interno y, en última instancia, para oír, mientras que en las plantas es imprescindible para un correcto funcionamiento de los pelos radiculares, que les permiten beber agua y hallar nutrientes en el suelo.

¿SORDERA O UNA AUDICIÓN DISTINTA?

El gran biólogo evolutivo Theodosius Dobzhansky escribió: «Nada en biología tiene sentido si no es a la luz de la evolución».[25] Estudios científicos serios y reputados han concluido que los sonidos de la música son absolutamente irrelevantes para una planta, cosa que tiene sentido desde una perspectiva evolutiva. Dos siglos de música clásica y cincuenta años de rocanrol componen un mero punto en la historia evolutiva de las plantas.

La ventaja evolutiva propiciada por la audición en los seres humanos y otros animales es solo uno de los modos que nuestros cuerpos tienen de advertirnos de situaciones que representan un peligro potencial. Los primeros humanos eran capaces de oír a un peligroso depredador acechándolos en la selva. Y nosotros detectamos las leves pisadas de alguien que nos sigue a casa en plena noche por una calle poco iluminada y oímos el motor de un coche que se acerca. La audición posibilita también la comunicación rápida entre personas y entre animales. Los elefantes se localizan a lo ancho de vastas distancias emitiendo ondas subsónicas que retumban en objetos y viajan durante kilómetros. Una madre delfín puede localizar a una cría perdida en el océano mediante sus chirridos de miedo, y los pingüinos emperador usan unos reclamos característicos para aparearse. El factor común en todas estas situaciones es que el sonido posibilita una rápida transmisión de la información y una reacción, que suele ser un movimiento, ya sea huir de un incendio, escapar de un ataque o encontrar a la familia.

Como hemos visto, las plantas son organismos sésiles anclados al suelo por las raíces. Si bien pueden crecer hacia el sol y combarse con la gravedad, no pueden huir. No pueden escapar. No migran con las estaciones. Permanecen quietas afrontando un entorno que cambia de continuo. Además, operan a una escala temporal distinta de la de los animales. Sus movimientos, con la llamativa excepción de plantas como la mimosa y la venus atrapamoscas, son bastante lentos y suelen pasar desapercibidos al ojo humano.

Pero ¿existen sonidos que, al menos teóricamente, pudieran reportar ventajas a una planta si reaccionara a ellos? Lilach Hadany, bióloga teórica en la Universidad de Tel Aviv, utiliza modelos matemáticos para estudiar la evolución. Hadany plantea que las plantas no responden a los sonidos, pero que aún tenemos que llevar a cabo los experimentos pertinentes para detectar sus reacciones. En efecto, una falta de pruebas experimentales no equivale a una conclusión negativa. A su modo de ver, debería concebirse un estudio en el que usáramos un sonido del mundo natural que supiéramos que influye en un proceso vegetal específico. Para estudiar las reacciones de las plantas a las ondas sonoras, los científicos deben determinar qué sonidos podrían ser fisiológicamente relevantes y proporcionar una ventaja evolutiva a las plantas si los oyeran. Tales sonidos deberían dar pistas relativas a la localización de recursos como el agua o alertar a la planta de interacciones beneficiosas o perjudiciales inminentes con un polinizador o un herbívoro, por ejemplo.

Hasta muy recientemente no se habían realizado intentos de identificar tales reacciones. Monica Gagliano, profesora adjunta de investigación de la Universidad de Australia Occidental, y Stefano Mancuso, director del Laboratorio Internacional de Neurobiología Vegetal de la Universidad de Florencia, y sus colegas están intentando construir bases teóricas y prácticas de lo que han bautizado como «bioacústica vegetal». En un estudio publicado en 2012 informaron de que las puntas de las raíces se curvan claramente hacia una fuente sonora cuya onda es similar a la de las vibraciones transportadas por el agua.[26] ¡Ello implicaría que las raíces pueden buscar nuevas fuentes de agua «al oír» el agua correr! Más aún, recientemente el grupo de Gagliano demostró que las plantas del guisante extienden sus raíces en la dirección del agua corriente.[27]

Estos resultados pueden ayudar a explicar los fenómenos que los ingenieros civiles conocen desde hace décadas: las raíces de los árboles suelen rodear e invadir las tuberías de agua y las alcantarillas, con consecuencias físicas y económicas nefastas.[28] Hasta la fecha, los ingenieros y científicos asumían, de manera general, que las raíces se extendían en busca del agua que se filtraba de las cañerías, pero los resultados de Gagliano plantean la posibilidad de que se sientan atraídas por el sonido del agua que corre por dichas tuberías.

Otro sonido relevante podría ser el zumbido de las abejas. En un proceso conocido como polinización por zumbido, los abejorros estimulan a una flor a liberar su polen haciendo vibrar rápidamente los músculos de sus alas sin batirlas, cosa que produce una vibración de alta frecuencia. Si bien esta vibración puede oírse (es el zumbido que oímos cuando vuela cerca de nosotros una abeja), para que se produzca la liberación de polen es preciso que exista contacto físico entre la abeja que la genera y la flor. De manera que, tal como las personas sordas perciben y reaccionan a las vibraciones de la música, las flores perciben y reaccionan a las vibraciones de los abejorros, sin «oírlos» en el sentido estricto del término. Tampoco es descartable que el sonido de las vibraciones pueda afectar a la flor de un modo que todavía no se ha descubierto.

Hadany y sus colegas se dispusieron a comprobar tal posibilidad. Como bien sabemos, la inmensa mayoría de las plantas con flor dependen de los animales polinizadores para reproducirse. Las plantas emplean señales como el color, el perfume y la forma para atraer a los polinizadores y los recompensan proporcionándoles néctar y polen. ¿Podría un polinizador sentirse más atraído por una flor que genera un néctar de mejor calidad, tal como a nosotros nos atraen los viñedos que elaboran vinos de mayor calidad? Por otra parte, crear un producto de alta calidad es costoso y un desperdicio si no hay ningún polinizador (o amante del vino) cerca. A fin de cuentas, ¿quién quiere producir un vino excepcional si nadie va a bebérselo? A una planta podría beneficiarle programar la producción de néctar de alta calidad cuando hay un polinizador cerca. De ahí que tal vez el sonido del aleteo de los polinizadores voladores podría ser una señal que induzca a las flores a fabricar néctar de mayor calidad.

En un estudio interdisciplinario en el que tuve el privilegio de participar, Hadany aunó esfuerzos con uno de los biólogos especializados en murciélagos más destacados del mundo, Yossi Yovel, y un botánico, Yuval Sapir, para comprobar si las plantas reaccionaban a los sonidos de los insectos que visitan y polinizan sus flores.[29] Para nuestro estudio utilizamos onagra (*Oenothera perennis*). La onagra es oriunda de las regiones litorales de California y Oregón y también de la costa mediterránea de Israel. Florece al atardecer, cuando las polillas esfinge colibrí y las abejas visitan sus flores para libar su dulcísimo néctar y, en el proceso, esparcen el polen de flor en flor.

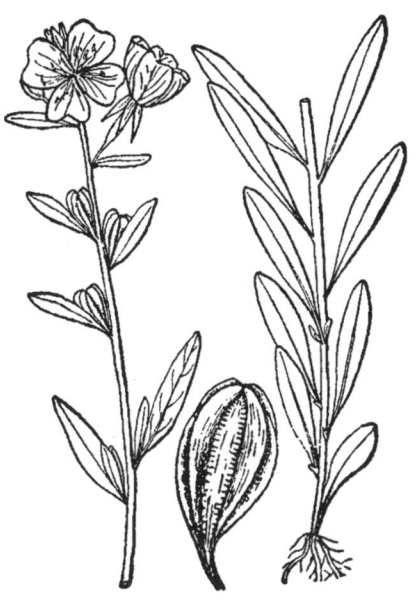

Onagra (*Oenothera perennis*)

Yovel, médico de formación, utilizó herramientas de grabación y reproducción acústica avanzadas en su estudio de la orientación de los murciélagos para grabar los sonidos del aleteo de las polillas y las abejas. A continuación, reprodujimos esos sonidos para las plantas y comprobamos su néctar. Entusiasmados, averiguamos que las plantas que se habían expuesto a los sonidos de los polinizadores producían un néctar más dulce que aquellas a las que se mantuvo en silencio.

Si bien estos resultados demuestran que una onagra puede reaccionar con rapidez a un sonido específico y ecológicamente relevante, dejan abierto el interrogante de qué parte concreta de la planta percibe las ondas sonoras. En lenguaje antropomórfico, ¿dónde está el oído? Por el momento, sencillamente lo desconocemos, y tampoco entendemos cómo traduce la planta la señal acústica a través de sus células para influir en la calidad del néctar. Trabajos muy recientes realizados en el laboratorio del profesor Hanhong Bae y su equipo en la Universidad Yeungnam, en Corea del Sur, indican que, al menos en el caso de la arabidopsis, las ondas sonoras pueden inducir cambios en la expresión genética.[30] No obstante, aún estamos lejos de entender cómo influyen las señales acústicas en la fisiología vegetal. Por desgracia, las respuestas exactas a estas preguntas tendrán que esperar a estudios adicionales.

De esta investigación se deriva que tal vez las plantas presenten reacciones diversas a sonidos distintos, pero no hemos enfocado bien nuestros estudios.

Lo verdaderamente raro es plantearse que las plantas emiten sonidos. Según sus informes, Roman Zweifel y Fabienne Zeugin, de la Universidad de Berna, Suiza, han detectado vibraciones ultrasónicas emanando de pinos y robles durante una sequía.[31] Dichas vibraciones están provocadas por cambios en el contenido del agua de los vasos del xilema que la transporta. Gagliano y Mancuso grabaron «clics» que emanaban de las raíces del maíz joven. Y aunque estos sonidos son resultados pasivos de fuerzas físicas (tal como una roca que se despeña de un acantilado provoca un ruido), quizá sí tengan un valor adaptativo. ¿Podrían interpretar otros árboles estas vibraciones ultrasónicas como una señal para prepararse para condiciones de sequía? ¿Contienen información los clics de las raíces del maíz?

De ser así, ello abre la posibilidad de que las plantas no solo puedan responder a señales auditivas sino, quizá, ¡también generarlas! En otras palabras, tal vez las plantas «vocalicen».

Es incuestionable que el mundo vegetal es mucho más complejo de lo que imaginábamos. Si hace cinco años, en la primera edición de este libro, escribí: «Durante centenares de millones de años las plantas han prosperado en la Tierra y las cerca de 400.000 especies que existen han conquistado hasta el último de los hábitats sin escuchar ni un solo sonido», ahora estoy obligado a replantearme mi posición, puesto que es muy posible que las plantas reaccionen a señales acústicas.

Ahí radica la fuerza del método científico y es eso lo que distingue la ciencia de la pseudociencia. La pseudociencia busca confirmaciones, mientras que la ciencia busca falsificaciones.[32] Como científico, soy plenamente consciente de que mis hipótesis y conclusiones son, en el mejor de los casos, provisionales, pues cualquier estudio futuro puede desmontarlas. En cambio, el pseudocientífico está convencido de que sus conclusiones son una verdad contrastada. Un pseudocientífico no permite que resultados contradictorios lo inciten a replantearse su opinión. Y aunque hay muchas cosas que aún no entendemos, ello no implica que no exista una explicación científica a la espera de salir a la luz mediante el experimento pertinente. Por ejemplo, varios informes afirman que distintas ondas sonoras aumentan el rendimiento de diversos cultivos. Sin embargo, la biología básica subyacente a este uso agrícola de las ondas sonoras sigue siendo incierta. Los estudios que he destacado en este capítulo indican que estamos a punto de conocer más en profundidad las reacciones de las plantas a las ondas sonoras.

Y ahora que hemos cubierto los cinco sentidos básicos, exploremos el sexto sentido que permite a las plantas ser perfectamente conscientes de dónde están, de la dirección en la que crecen y de cómo se mueven.

6

¿Cómo sabe una planta dónde está?

> Nunca he visto un árbol descontento. Se agarran al suelo como si les gustara y, aunque estén arraigados, viajan tan lejos como nosotros. Cada vez que sopla el viento, los árboles vagan en todas direcciones, van y vienen como nosotros, giran alrededor del sol con nosotros, recorriendo tres millones de kilómetros al día, y se mueven por el espacio ¡solo el cielo sabe a qué velocidad y a qué distancia!
>
> John Muir

Los brotes crecen hacia arriba y las raíces lo hacen hacia abajo. Parece una cuestión bastante sencilla, pero ¿cómo distinguen las plantas lo que está arriba de lo que está abajo? Tal vez piense usted que se guían por la luz del sol, pero si la luz es la señal principal que sigue una planta para crecer hacia arriba, ¿cómo sabría dónde está arriba de noche? ¿Y qué sucede cuando no es más que una semilla que germina bajo el suelo? Por otra parte, es posible que piense usted que determinan lo que está abajo tocando la oscura y húmeda tierra. Sin embargo, las raíces aéreas de los banianos y los mangles siempre crecen hacia abajo, pese a nacer a varios metros de altura sobre el nivel rasante.

Se ha documentado científicamente que, cuando se pone una planta bocabajo, se reorienta en una maniobra a cámara lenta, como cuando un gato cae y siempre aterriza sobre las cuatro patas. De este modo, la planta se asegura de que sus raíces crezcan hacia abajo y sus brotes hacia arriba.* Las plantas no solo saben cuándo están bocabajo, sino que además se ha demostrado mediante experimentos que son conscientes en todo momento de dónde están sus ramas: saben si crecen perpendiculares al suelo o en ángulo a uno de sus lados, y los zarcillos siempre tienen una idea bastante aproximada de dónde se encuentra el soporte más próximo al cual sujetarse. Basta pensar en la cuscuta, que hace «círculos» en el aire en busca de una planta adecuada que parasitar. Pero ¿cómo sabe una planta en qué punto del espacio se encuentra? ¿Y cómo lo sabemos nosotros?

Los humanos somos conscientes de ello gracias a nuestro sexto sentido y, en contra de la creencia popular, ese sexto sentido no es la percepción extrasensorial, sino la propiocepción. La propiocepción nos permite saber dónde se encuentran las distintas partes del cuerpo en relación con las otras sin tener que mirarlas. Mientras que el resto de los sentidos están orientados hacia el exterior, a recibir señales como la luz, el olor y el sonido procedentes de fuentes externas, la propiocepción nos proporciona información basada exclusivamente en el estado interno de nuestro cuerpo. Nos permite coordinar los movimientos de las piernas para caminar, balancear el brazo para agarrar un balón de baloncesto y rascarnos el cogote cuando nos pica. Sin propiocepción, una tarea tan sencilla como cepillarse los dientes sería prácticamente imposible.

Es el tipo de sentido que solo valoramos cuando lo perdemos. Si alguna vez ha estado ligeramente embriagado habrá experimentado una propiocepción defectuosa. Es lo que lleva a la policía a realizar controles de alcoholemia a los conductores supuestamente ebrios; dichos controles im-

* Algunos ejemplos pueden verse en <http://plantsinmotion.bio.indiana.edu>.

plican varios ejercicios físicos de «coordinación de manos y ojos» sencillos y revelan fácilmente quién tiene afectada la propiocepción y quién no. Cuando uno está sobrio, tocarse la nariz con los ojos cerrados es sencillo. En cambio, a una persona moderadamente ebria esta tarea tan fácil puede resultarle mucho más difícil.

Desde la intuición, cuesta más entender la propiocepción que el resto de los sentidos porque carece de un órgano central definido. La vista se percibe a través de los ojos, el olfato a través de la nariz y el oído a través de los oídos. Tampoco cuesta comprender que las sensaciones táctiles se perciben a través de los nervios de la piel. Por su parte, la propiocepción implica la recepción coordinada de señales procedentes del oído interno, que comunican el equilibrio, y señales enviadas por nervios específicos de todo el cuerpo, que indican la posición.

Junto a las estructuras del oído interno necesarias para oír hay un complejo sistema de cámaras en miniatura formado por unos conductos semicirculares y un vestíbulo que nos permiten notar en qué posición tenemos la cabeza. Los conductos semicirculares están dispuestos en ángulo recto uno respecto del otro y forman una estructura parecida a un giroscopio. Están llenos de un líquido que se mueve cuando cambiamos de posición la cabeza. Los nervios sensoriales situados en la base de cada conducto reaccionan a las ondas de dicho líquido y, puesto que los conductos se encuentran en tres planos distintos, pueden comunicar el movimiento en todas las direcciones. El vestíbulo también está lleno de líquido y contiene células pilosas sensoriales, además de otolitos, unas piedrecitas cristalinas que, literalmente, se hunden por efecto de la gravedad y ejercen una presión adicional (y por ende, estimulan) a las células pilosas sensoriales del vestíbulo. De esta manera sabemos si nos encontramos en posición vertical, horizontal o bocabajo. La presión de los otolitos en los nervios de distintas zonas del vestíbulo nos permite diferenciar lo que está arriba de lo que está abajo.

Esta función se altera en algunas atracciones de los parques de diversiones, que agitan tanto los otolitos que acabamos por no saber dónde estamos.

Mientras que el funcionamiento del oído interno nos ayuda a mantener el equilibrio, los nervios propioceptivos de todo el cuerpo propician la coordinación y los receptores propioceptivos informan al cerebro de la posición de nuestras extremidades. Estos nervios son distintos de los nervios táctiles que notan la presión o el dolor y se encuentran en el interior de nuestro cuerpo, en los músculos, ligamentos y tendones. El ligamento cruzado anterior de la rodilla, por ejemplo (también conocido como LCA), contiene nervios que comunican la información propioceptiva procedente de la parte inferior de la pierna. Hace unos años me rompí el LCA compitiendo con mi hijo en un descenso por una pista de esquí. Y después del accidente me sorprendió mucho descubrir que me costaba caminar: no dejaba de tropezar con mi propio pie. Había perdido la señalización de la posición propioceptiva de mi pie, que recuperé con el tiempo cuando mi cerebro empezó a reintegrar información procedente de otros nervios de la parte inferior de mi pierna.

Dos procesos corporales principales e interrelacionados dependen de la propiocepción: la conciencia de la posición relativa de las partes del cuerpo en posición de descanso (conciencia estática) y la conciencia de la posición relativa de las partes del cuerpo en movimiento (conciencia dinámica). La propiocepción no solo abarca nuestro sentido del equilibrio, sino también el movimiento coordinado, desde hacer un sencillo gesto de despedida con la mano hasta la integración más complicada del movimiento y el equilibrio necesarios para caminar por la calle o los movimientos sumamente complejos de un gimnasta olímpico que hace un salto mortal sobre la barra de equilibrio. Estos dos procesos, la conciencia estática y la conciencia dinámica de la posición corporal, también están interrelacionados en las plantas y son objeto de estudio de muchos botánicos desde hace años.

Distinción entre arriba y abajo

En 1758, más de un siglo antes del libro capital de Darwin *Los movimientos y hábitos de las plantas trepadoras*, Henri-Louis Duhamel du Monceau, un inspector naval francés apasionado de la botánica, observó que, si colocaba una plántula bocabajo, su raíz se reorientaba para crecer hacia la tierra, mientras que su brote se combaba y crecía hacia el cielo.[1] Esta simple observación de unas raíces que crecían como si la gravedad las atrajera hacia abajo (gravitropismo positivo) y de unos brotes que crecían en la dirección opuesta en contra de tal atracción (gravitropismo negativo) le hizo plantearse una serie de interrogantes e hipótesis que aún hoy influyen en las investigaciones llevadas a cabo en laboratorios de todo el mundo. Muchos científicos que leyeron las opiniones de Duhamel concluyeron que la reorientación de las raíces respondía a la fuerza de la gravedad. Pero Thomas Andrew Knight, miembro de la Royal Society, señaló unos cincuenta años más tarde que «la hipótesis [de que la gravedad afecta al crecimiento de las plantas] no parece haberse corroborado con hechos».[2] Mientras que muchos científicos interpretaron la observación de Duhamel como una demostración de que la gravedad influye en el crecimiento de una planta, ninguno de ellos había llevado a cabo experimentos científicos rigurosos para comprobar tal hipótesis, cosa que Knight se dispuso a hacer.

Knight pertenecía a la aristocracia rural y vivía en un castillo en la región de los West Midlands de Inglaterra rodeado por amplios jardines, huertos y un invernadero. Carecía de formación como científico, pero, como era habitual entre la aristocracia decimonónica, dedicaba su tiempo libre a dotarse de conocimientos científicos y no tardó en convertirse en un experto en horticultura. De hecho, acabó por ser uno de los fisiólogos vegetales más destacados de su época. Para sus estudios sobre cómo distinguen las plantas lo que está arriba de lo que está abajo, Knight concibió un aparato experimental muy sofisticado que anulaba el efecto de la gravedad terrestre en el crecimiento de las plantas y aplicaba una nueva fuerza centrífuga que actuaba sobre las raíces. Construyó una noria accionada por el arroyo que atravesaba su heredad, le acopló una placa de madera que giraba con ella y sujetó varias plántulas de judías alrededor de dicha placa en distintas posiciones, de tal manera que sus puntas radiculares quedaran orientadas en todas las direcciones posibles: hacia el centro, hacia afuera, en ángulo, etc.

Y dejó que la noria girara a la vertiginosa velocidad de 150 revoluciones por minuto durante varios días. Las plántulas daban una voltereta con cada giro de la placa. Al final del tratamiento, Knight comprobó que todas las raíces se habían alejado del centro de la noria, mientras que todos los brotes crecían en dirección a este.

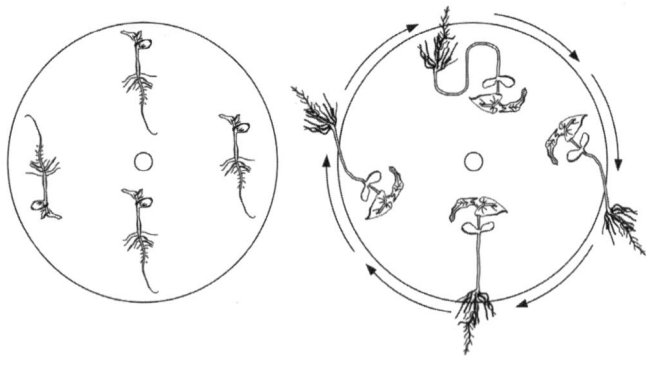

Esta ilustración recrea la noria de Knight con las plántulas sujetadas antes de empezar el experimento y a la conclusión de este.

Con aquella centrifugadora improvisada, Knight había aplicado a las plántulas una fuerza similar a la gravitación y demostró que las raíces siempre crecían en la dirección de esta fuerza centrífuga, mientras que los brotes lo hacían en la dirección opuesta. El trabajo de Knight proporcionó la primera corroboración experimental de las observaciones de Duhamel. Demostró que las raíces y los brotes no solo reaccionan a la gravedad natural, como había mostrado Duhamel, sino también a una fuerza gravitacional artificial provista por su noria centrifugadora. No obstante, ello seguía sin explicar cómo notaba una planta la gravedad.

El interés por cómo perciben las plantas la gravedad se reavivó hacia finales del siglo XIX. Como ocurre con tantos temas de las ciencias botánicas, fueron Darwin y su hijo Francis quienes realizaron los experimentos definitivos en el campo y, al estilo darwiniano, llevaron a cabo un estudio sumamente detallado y exhaustivo, en este caso para determinar con precisión qué parte de la planta percibe la gravedad.[3] Su hipótesis inicial era que en las puntas de las raíces había «gravirreceptores» (análogos a los fotorreceptores de la luz). Para comprobarla, rebanaron trozos de distinta longitud de las puntas radiculares de plantas de judías, guisantes y pepinos y luego colocaron las raíces de lado sobre tierra húmeda. Y si bien las raíces continuaron alargándose, habían perdido la capacidad de reorientar su crecimiento y combarse hacia el suelo. Incluso amputar unos escasos 0,5 mm de la punta bastaba para destruir la sensibilidad general de la planta a la gravedad. Además, los Darwin constataron que, si la punta radicular volvía a crecer varios días después de la amputación, la raíz recuperaba su capacidad de reaccionar a la gravedad y retomaba su antigua costumbre de curvarse y penetrar en el suelo.

Este resultado fue similar al que Darwin obtuvo al llevar a cabo su investigación acerca del fototropismo. En su experimento con el fototropismo, Darwin demostró que la punta de un brote ve la luz y transfiere dicha información a su sección central para indicarle que se curve hacia la luz. En este caso, Darwin y su hijo demostraron que la punta de la raíz capta la gravedad, si bien la curvatura se produce algo más arriba. A partir de tal constatación, Darwin planteó la hipótesis de que la punta radicular enviaba una señal al resto de la raíz para indicarle que creciera hacia abajo con el vector de la gravedad.

Para comprobar tal hipótesis, Darwin colocó una plántula de judía de lado y la inmovilizó con un alfiler sobre un montoncito de tierra, pero en esta ocasión esperó noventa minutos antes de amputarle la punta a la raíz (cuando se coloca una planta de lado, suelen transcurrir varias horas antes de que la reorientación de la raíz resulte evidente). Descubrió que la raíz seguía reorientándose hacia abajo pese a «carecer de punta». Darwin asumió que durante los noventa minutos previos a amputar la punta radicular, la raíz había enviado instrucciones a la planta de curvarse hacia abajo. Darwin y su hijo observaron los mismos resultados en experimentos similares realizados con seis tipos distintos de plantas y en casos en los que quemaron la punta con nitrato de plata, en lugar de amputarla. Concluyeron que la punta de la raíz nota inmediatamente la gravedad y, acto seguido, comunica dicha información a la planta y le indica la dirección óptima para su crecimiento.

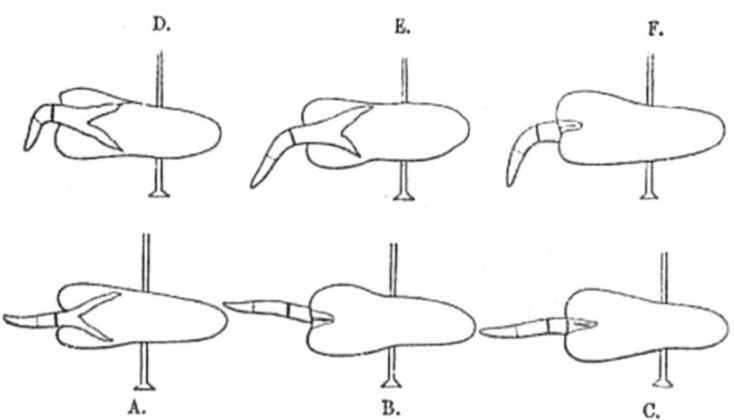

Darwin clavó plántulas de judía (*Vicia faba*) de lado con alfileres durante veintitrés horas y treinta minutos. En A, B y C cauterizó las puntas radiculares con nitrato de plata (en lugar de limitarse a amputar la punta de la raíz). Las puntas de D, E y F se dejaron intactas.

Nuestro conocimiento de cómo distingue una planta lo que está arriba de lo que está abajo aumentó de manera notable en el transcurso de los siglos XVIII y XIX. En primer lugar, Duhamel reveló que las plántulas reorientan su crecimiento de tal manera que las raíces crezcan hacia abajo y los brotes hacia arriba; posteriormente, Knight demostró que la gravedad explicaba este «crecimiento ascendente y descendente», y más tarde los Darwin demostraron que la punta radicular alberga el mecanismo que capta la gravedad. Transcurriría más de un siglo antes de que estudios modernos de genética molecular confirmaran los resultados de Darwin y corroboraran que las células situadas en el ápice de la raíz (en una región conocida como cofia, pilorriza o caliptra) notan la gravedad e indican a la planta dónde está abajo.[4]

Si una planta necesita que sus puntas radiculares estén intactas para extenderse bajo tierra, lo lógico es pensar (tal como hizo Darwin) que la punta del brote es esencial para que la planta crezca hacia el cielo. Al fin y al cabo, Darwin había demostrado que cortar la parte superior de una planta hace que pierda su capacidad de ver y combarse hacia la luz procedente del lateral. Sin embargo, sorprendentemente, resulta que una planta a la cual amputan la punta de un brote sigue creciendo hacia arriba, es decir, mantiene su habilidad de desarrollarse con un gravitropismo negativo. ¿Podía inferirse de ello que la raíz y el brote perciben la gravedad de distinta manera?

En gran medida, los conocimientos que tenemos en la actualidad acerca de cómo perciben las plantas la gravedad derivan de estudios que utilizan la planta de laboratorio por excelencia, la arabidopsis. Tal como Maarten Koornneef y sus colegas aislaron plantas «ciegas» con algunos fotorreceptores defectuosos (como hemos visto en el capítulo 1), muchos científicos han aislado plantas de arabidopsis mutantes que no distinguen lo que está arriba de lo que está abajo.[5] El procedimiento en sí es bastante sencillo: los científicos cultivan miles de plántulas mutantes de arabidopsis durante una semana y luego giran sus contenedores noventa grados. Casi todas las plántulas se reorientan de tal manera que los tallos crezcan hacia arriba y las raíces hacia abajo. Sin embargo, las plantas mutantes que no notan la gravedad continúan creciendo sin cambiar de dirección.*

Muchas de estas plantas mutantes presentan defectos tanto en las raíces como en los tallos y han perdido la capacidad de distinguir lo que está arriba de lo que está abajo. Sin embargo, en otras arabidopsis mutantes, solo resultan afectados la raíz o el tallo, lo cual sugiere que detectan la gravedad de modos distintos. Por ejemplo, un mutante de la arabidopsis en el gen llamado *scarecrow* o *SCR* presenta tallos que no saben determinar que los han colocado de lado, de manera que la planta mutante crece en horizontal (presenta un gravitropismo negativo del tallo defectuoso).**, [6] Pero, sorprendentemente, las raíces de este mutante saben crecer hacia abajo (es de-

---

* En este tipo de estudios, las plántulas suelen tratarse preliminarmente con una sustancia química que provoca mutaciones en el ADN. La posibilidad de que la sustancia química actúe sobre un gen específico necesario para el gravitropismo es ínfima, cosa que obliga a realizar el ensayo en miles de plantones. Por suerte, las plántulas de arabidopsis son minúsculas, de manera que llevar el seguimiento de una cantidad tan elevada de ellas es factible.

** El primer científico que las aísla tiene derecho a bautizar las mutaciones de la arabidopsis (y de otros organismos). El nombre del mutante se escribe en minúsculas y corresponde al gen mutante. Algunos científicos son más conservadores y designan estos genes mutantes en función de sus características evidentes (como el mutante *shortroot* [de raíz corta] de la arabidopsis, que, como se intuye, tiene raíces cortas). Otros son más creativos. Entre los ejemplos de nombres de mutantes de la arabidopsis figuran *scarecrow* [«espantapájaros»], *toomanymouths* [«demasiadas bocas»] y *werewolf* [«hombre lobo»].

cir, conservan su gravitropismo positivo). Un cultivar de la ipomea (*Ipomoea nil*) llamado *Shidareasagao* (que significa «llorón») presenta unos tallos que no discriminan lo que está arriba de lo que está abajo, y aunque sin duda se trata de una planta colgante ornamental muy bella, también proporciona a los científicos un magnífico mutante para estudiar el gravitropismo. ¿Qué hace que los tallos y las hojas de esta planta crezcan en diversas direcciones? Estudios genéticos recientes demuestran que el *Shidareasagao* presenta una mutación en el gen *scarecrow*,[7] lo cual obliga a preguntarse: ¿demuestran estos mutantes en última instancia que el mecanismo para captar la gravedad difiere en las partes de la planta que se sitúan por encima y por debajo de tierra?

En realidad, este mutante no nos indica que el «mecanismo» para notar la gravedad sea distinto en la raíz y en los tallos, pero sí nos dice que su «emplazamiento» específico es distinto (cosa que ya sabíamos gracias a los estudios de Darwin). Científicos del laboratorio de Phil Benfey en la New York University utilizaron el mutante *scarecrow* para determinar qué parte del tallo capta la gravedad. En los albores del siglo XXI descubrieron que el gen *scarecrow* es necesario para la formación de la endodermis, un grupo de células que envuelven los tejidos vasculares de la planta.[8] En las raíces, la endodermis funciona como una barrera selectiva que regula de manera activa qué cantidad y qué compuestos (como agua, minerales e iones) penetran en los tubos del xilema para ser transportados a las partes verdes de la planta. Las plantas con un gen *scarecrow* mutado carecen de endodermis. Ahora bien, aunque esto provoca que tengan unas raíces cortas y débiles, estas siguen extendiéndose hacia abajo. Y saben dónde está abajo porque los gravisensores de las puntas radiculares no contienen células de endodermis. El mutante *scarecrow* sigue teniendo una piloriza normal, de manera que sabe dónde está abajo.

Campanilla o ipomea (*Pharbitis nil*)

En cambio, si los brotes carecen de endodermis no pueden saber dónde está arriba y eso es tan perjudicial para el sentido de la orientación de la planta como amputarle el ápice radicular. En otras palabras, dos tejidos vegetales distintos detectan la gravedad en las partes inferior y aérea de la planta. En las raíces lo hace la punta radicular mientras que en el brote lo hace la endodermis. Así pues, a diferencia de los seres humanos, que solo tenemos «gravirreceptores» en el oído interno, las plantas los tienen repartidos en muchos puntos de sus puntas radiculares y en sus tallos.

¿Cómo captan la gravedad estos grupos específicos de células vegetales de las puntas radiculares y la endodermis? Las primeras respuestas las arrojaron estudios de la piloriza en los que se utilizaba un microscopio para observar sus increíbles estructuras subcelulares. Las células de la zona central de la piloriza contienen unas densas estructuras con forma de pelota llamadas «estatolitos» (del término griego «piedra estacionaria»), las cuales, de modo similar a lo que ocurre con los otolitos de nuestros oídos, son más pesadas que otras partes de la célula y se posan en el fondo de las células de la pilorriza.* Cuando se coloca una raíz de lado, los estatolitos caen al nuevo fondo de la célula, tal como unas canicas rodarían a la base de un tarro si lo tumbáramos de lado. Como es previsible, el único tejido de la planta aérea que contiene estatolitos es la endodermis. Como ocurre en la pilorriza, cuando se tumba una planta, los estatolitos de la endodermis caen en lo que era el lateral de la célula y esa parte se convierte en la nueva base de la planta. Las reacciones de los estatolitos a la gravedad llevaron a los científicos a plantear que, de hecho, son los receptores de la gravedad.

Si los estatolitos son los receptores de la gravedad de la planta, entonces un simple desplazamiento de estos bastaría para que la planta cambiara su dirección de crecimiento como haría por efecto de la gravedad. Gracias al advenimiento de la genética molecular y, cosa que resulta interesante, de los vuelos espaciales (tema que abordaremos enseguida), los científicos han podido por fin llevar a cabo experimentos que abordan esta cuestión.

Durante los últimos veinte años, John Kiss y sus colegas de la Miami University en Ohio han usado algunos de los juguetes más molones de la ciencia para determinar si los estatolitos son los responsables de notar la gravedad en una planta. Usando un campo magnético de alta pendiente que simula la gravedad, Kiss indujo a los estatolitos de sus plantas a migrar lateralmente como si las hubiera tumbado.[9] Cuando esto ocurre, las raíces empiezan a curvarse en la misma dirección en la que se mueven los estatolitos: si estos se desplazan hacia la derecha, la raíz se curva hacia la derecha y, si se desplazan hacia la izquierda, la raíz se curva hacia la izquierda. Estos resultados corroboraban la idea de que la posición de los estatolitos es lo que indica a la planta dónde

---

* Los estatolitos de las plantas más altas (con flor) también reciben el nombre de «amiloplastos», formas modificadas de cloroplastos que contienen almidón en lugar de clorofila.

está abajo. Y también llevaron a Kiss a predecir que, en ausencia de gravedad, los estatolitos no se posarían en el fondo de una célula y, por consiguiente, la planta no sabría dónde está abajo. Por supuesto, para comprobar tal hipótesis, Kiss necesitaría contar con condiciones sin gravedad, como una nave espacial que orbitara alrededor de la Tierra. A bordo del transbordador espacial, donde obviamente las plantas no experimentan los efectos de la gravedad, los estatolitos no pueden caer y permanecen distribuidos de manera natural por toda la célula. En tales condiciones de ingravidez, Kiss no logró detectar ninguna torsión gravitrópica de las plantas que se hallaban en el espacio exterior.[10] Estos estudios revelaron una pista fascinante sobre por qué las plantas se mueven como lo hacen: una planta necesita estatolitos para notar la gravedad, de la misma manera que nosotros necesitamos los otolitos de los oídos para estimular nuestros receptores del equilibrio.

La hormona del movimiento

Existen similitudes entre la reacción a la gravedad de una raíz de judía invertida, el crecimiento hacia el sol de un tulipán en una maceta junto a una ventana y el acercamiento furtivo de una *Cuscuta* a la tomatera más cercana: las plantas notan un cambio en su entorno (gravedad, luz u olor) y se curvan en respuesta a dicho estímulo. Los estímulos son diversos, pero las reacciones son similares: crecimiento en una dirección concreta. Hemos examinado largamente cómo notan las plantas la gravedad (y la luz y los olores), pero no hemos explorado cómo les indica esta información sensorial que crezcan y se curven. Examinemos nuevamente los experimentos de Darwin con el fototropismo expuestos en el primer capítulo. Darwin demostró que la punta de una plántula «ve» la luz y transfiere esta información a su sección media del tallo con el fin de indicarle que se combe hacia la luz. Se trata de un proceso similar al que acontece cuando la pilorriza «capta» la gravedad y transfiere la información raíz arriba para inducir a la planta a crecer hacia abajo o cuando la *Cuscuta* huele la tomatera y se curva hacia ella.

A principios del siglo XX, el fisiólogo vegetal danés Peter Boysen-Jensen amplió los experimentos de los Darwin relativos al fototropismo.[11] Como los Darwin, les cortó las puntas a unas plántulas de avena, pero antes de volver a colocarlas sobre los tocones de las plantas, hizo algo insólito a la par que brillante. Colocó un delgado bloque de gelatina entre el tocón y la punta de una planta y un trocito diminuto de vidrio en otra. Cuando iluminó las plantas desde el lateral, la que tenía la rodaja de gelatina se inclinó hacia la luz, mientras que la que tenía el vidrio permaneció erguida. De esta manera, Boysen-Jensen demostró que la señal de curvarse que la punta envía a la planta debe ser soluble, porque era evidente que atravesaba la gelatina y, en cambio, no el vidrio. No obstante, Boysen-Jensen no sabía qué sustancia química descendía desde la punta hasta el tallo para indicarle que se torciera.

A principios de la década de 1930, los científicos identificaron finalmente la sustancia química promotora del crecimiento que viajaba desde la punta a través de la gelatina hasta la planta madre y la bautizaron con el nombre de «auxina», derivado del término griego que significa «aumentar». Aunque las plantas poseen multitud de hormonas distintas, ninguna es tan dominante ni participa en tantos procesos y funciones como la auxina. Una de dichas funciones es indicarles a las células que aumenten de longitud. La luz hace que la auxina se acumule en la cara oscura y provoca que el tallo se alargue solo por esta parte, cosa que lo hace combarse hacia la luz. La gravedad hace que la auxina aparezca en la «cara superior» de las raíces, lo cual las hace extenderse hacia abajo, y en la «cara inferior» de los tallos y las hojas, cosa que los hace crecer hacia arriba. Si bien distintos estímulos activan distintos sentidos de las plantas, muchos de los sistemas sensoriales de estas convergen en la auxina, la hormona del movimiento.

Avena (*Avena sativa*)

Plantas bailarinas

Tal como se ha mencionado previamente en este capítulo, la propiocepción no solo sirve para distinguir entre arriba y abajo, sino también para saber dónde se encuentran las partes del cuerpo cuando se está en movimiento. Cuando el bailarín clásico Mijaíl Baryshnikov da un salto en el escenario y aterriza en un arabesco, no solo hace alarde de un equilibrio perfecto, sino que es perfectamente consciente de la posición de cada parte de su cuerpo. Sabe a qué distancia tiene extendida la pierna tras él, a qué altura se encuentra su mano con relación a su hombro y la inclinación exacta de su torso. Es lógico que contemplemos las plantas como seres estacionarios, puesto que son organismos sésiles arraigados y sin locomoción. Pero si las observamos pacientemente durante un largo período de tiempo, en lugar de un carácter estacionario contemplamos un festival de complejos movimientos coreografiados similar al de Baryshnikov cobrando vida en la primera escena de un ballet. Sus hojas se curvan y se despliegan, sus flores se abren y cierran y los tallos crecen describiendo círculos y se comban. La mejor manera de apreciar estos movimientos es mediante la fotografía *time-lapse*. De hecho, uno de los primeros usos que se dio a este tipo de fotografía fue justo este. El profesor Wilhelm Pfeffer, pupilo del amigo de Darwin Julius von Sachs, filmó diversas plantas en movimiento, desde tulipanes hasta mimosas y judías. Sus primeras películas son borrosas pero aun así fascinantes de ver.[*] Ahora bien, mucho antes de que la fotografía *time-lapse* entrara en el panorama, Darwin, hombre persistente y tenaz donde los haya, estudió los movimientos de las plantas utilizando un procedimiento de baja tecnología que exigía mucho tiempo: suspendió una placa de vidrio sobre una planta y fue marcando en el cristal la posición de la punta de la planta cada pocos minutos durante varias horas. Conectando esos puntos, dibujó los movimientos exactos de su tema de estudio. (Darwin, que padecía insomnio, pasó muchas noches supervisando con meticulosidad las más de trescientas especies distintas que acabaría registrando de este modo, incluida entre ellas la col de la ilustración de la página siguiente.)

Darwin averiguó que todas las plantas se mueven en una oscilación espiral recurrente, a la cual designó «circumnutación» (del latín «círculo» o «balanceo»). Este patrón espiral varía entre especies y abarca desde un círculo repetitivo hasta una elipsis o una trayectoria de formas entrelazadas similares a las imágenes trazadas con un espirógrafo. Algunas plantas describen movimientos sorprendentemente amplios, como las plántulas de judías, que dibujan un círculo con un radio de hasta diez centímetros. Otras se mueven en milímetros, como las ramas de las fresas. La ve-

[*] Pueden verse ejemplos en <www.dailymotion.com/video/x1hp9q_wilhem- pfeffer-plant-movement_shortfilms#from=embed>.

locidad es otra variable: los tulipanes circumnutan a una velocidad fija (tardan unas cuatro horas), mientras que otras plantas varían de manera significativa; así, los tallos de la arabidopsis tardan entre quince minutos y veinticuatro horas en describir un círculo, y el trigo suele completar una rotación cada dos horas. Desconocemos cuál es la base que explica tal especificidad de movimientos, pero sabemos que tanto factores ambientales como internos pueden influir en la velocidad. Tal como averiguó la científica polaca Maria Stolarz, si quemaba una hoja de girasol con una pequeña llama durante solo tres segundos, el tiempo que tardaba la planta en describir un círculo prácticamente se duplicaba durante una rotación, tras lo cual el girasol retomaba su velocidad inicial.[12]

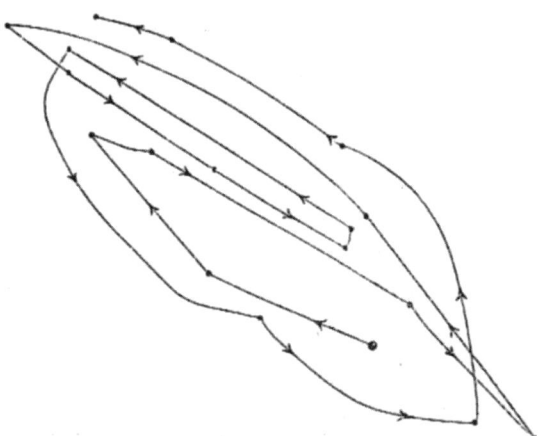

Rastro detectado por Darwin de los movimientos de la punta de una plántula de col (*Brassica oleracea*) en el transcurso de diez horas y cuarenta y cinco minutos

A Darwin le fascinaban aquellos movimientos y llegó a la conclusión de que la circumnutación no solo formaba parte integral del comportamiento de todas las plantas, sino que aquellas danzas oscilatorias en espiral en realidad eran la fuerza impulsora de todos los movimientos de los vegetales. Planteó que el fototropismo y el gravitropismo no eran más que circumnutaciones modificadas orientadas en una dirección específica. Esta hipótesis no se puso en tela de juicio hasta unos ochenta años más tarde, cuando Donald Israelsson y Anders Johnsson, del Instituto de Tecnología de Lund, formularon la hipótesis alternativa de que los movimientos oscilatorios de las plantas simplemente eran consecuencia del gravitropismo (en lugar de su causa).[13] A medida que una planta crece, argumentaron, un ligero cambio en la posición del tallo (ya esté provocado por el viento, por la luz o por un obstáculo físico) comportará el desplazamiento de los estatolitos, cosa que a su vez hará que el tallo se curve hacia arriba, incluso aunque factores externos lo obliguen a desviarse un poco.

Girasol (*Helianthus annuus*)

Ocurre, no obstante, que esta curvatura suele extralimitarse de sus objetivos. Al igual que los sacos de arena de Bozo el Payaso con lo que jugábamos antaño y que regresaban una y otra vez tras golpearlos, cuando un tallo se reorienta en el plano vertical al principio crece sobremanera hacia arriba y hacia abajo y se curva un poco en la dirección opuesta. Y dado que el tallo no está recto, sino orientado en la otra dirección, los estatolitos se redistribuyen por segunda vez e inician una respuesta gravitrópica hacia el lado contrario de la planta. Este nuevo desarrollo también se extralimitará y el ciclo se repite, lo cual explica el clásico movimiento oscilatorio que Darwin documentó en la col y el trébol y que apreciamos en los tulipanes y los pepinos. Y tal como el saco de boxeo de Bozo se mueve adelante y atrás en círculos intentando encontrar su centro, el tallo de la planta describe círculos en el aire para equilibrarse.

Ello llevó a Darwin a plantear la hipótesis de que estas danzas fueran un comportamiento incorporado de todas las plantas, mientras que Israelsson y Johnsson creían que la gravedad impulsa estas coreografías circulares. Finalmente, en las postrimerías del siglo XX, ambas teorías enfrentadas se pondrían a prueba gracias a los vuelos espaciales. Si la teoría de Darwin era correcta, las circumnutaciones continuarían sin obstáculos en ausencia de gravedad; en cambio, si lo correcto era el modelo estatilocéntrico de Israelsson y Johnsson, la circumnutación en las plantas no tendría lugar en el espacio.

En los albores del programa espacial, en la década de 1960, Allan H. Brown, un célebre y reputado fisiólogo vegetal, concibió uno de los primeros experimentos con arabidopsis en el espacio integrado en el marco del programa Biosatellite III. Brown quería comprobar si los movimientos de las plantas continuarían en la ausencia de gravedad.[*]

---

[*] En realidad, con referencia a la orbitación hablamos de «microgravedad», en lugar de «ausencia de gravedad», puesto que sigue existiendo una leve atracción gravitacional, de en torno a un 0,001 por ciento.

Pero el programa se canceló debido a recortes presupuestarios y Brown tuvo que aguardar hasta 1983, momento en el que sus experimentos con plantas figuraron entre los primeros en llevarse a cabo en el transbordador espacial.[14] Los astronautas a bordo del *Columbia* monitorizaron los movimientos de plántulas de girasol mientras se encontraban en órbita y transmitieron los datos a científicos en la Tierra. Los plantones de girasol realizan movimientos acusados en la Tierra, de manera que eran la planta ideal para lanzar en el transbordador y comprobar qué ocurría en el espacio.[15] A bordo del *Columbia*, a muchos kilómetros por encima de la Tierra, casi el cien por cien de las plántulas mostraron patrones de crecimiento rotativos; incluso en ausencia de gravedad, las plántulas de girasol continuaban girando tal como lo hacían en la Tierra, cosa que venía a refrendar la teoría de Darwin.

Pero revisemos la segunda hipótesis, según la cual el movimiento espiral está íntimamente relacionado con la gravedad. Hace unos años, Hideyuki Takahashi y sus colegas de la Agencia Japonesa de Exploración Aeroespacial supervisaron la circumnutación de una campanilla mutante que carecía de endodermis gravitosensora en el tallo.[16] La campanilla mutante que no respondía a la gravedad tampoco describía los movimientos en espiral típicos de una campanilla normal. Por su parte, las arabidopsis mutantes con estatolitos pequeños o defectuosos tampoco crecían en espiral. Tales resultados no habrían sido del agrado de Darwin, pues apuntalan la idea de que la circumnutación y el gravitropismo están íntimamente relacionados (lo más probable es que en tal caso Darwin hubiera apreciado la ciencia implicada, modificado sus propias hipótesis y concebido nuevos experimentos para comprobarlas).

Takahashi explicó que la contradicción entre sus resultados y los recabados por el *Columbia* podía deberse a que, puesto que los experimentos llevados a cabo en el transbordador se realizaban con semillas «germinadas» en la Tierra, ello podía haber bastado para perpetuar la circumnutación en el espacio. De hecho, tal hipótesis explicaría que una semilla formada en la Tierra presentara características distintas a las de una formada en el espacio y, si tal era el caso, la limitación temporal de los experimentos realizados a bordo del *Columbia* (unos diez días) podría haber influido en el resultado del experimento.

La Estación Espacial Internacional, que entró en funcionamiento en 2000, finalmente proporcionó una instalación donde llevar a cabo experimentos a largo plazo sobre el efecto de la gravedad en las plantas. Anders Johnsson pudo comprobar su hipótesis de cerca de cuarenta años de antigüedad cuando, junto con colegas noruegos, llevó a término un importante experimento a bordo de la estación espacial durante varios meses en 2007.[17] Su montaje consistía en plantas de arabidopsis que germinaron a bordo de la estación espacial y se cultivaron en una cámara especial diseñada para su uso en el espacio. Se fotografiaba automáticamente las plantas cada pocos minutos con el fin de monitorizar sus posiciones exactas y detectar cualquier movimiento. En las condiciones de práctica ingravidez de la estación espacial, las plantas de arabidopsis exhibían patrones espirales de movimiento, pese a ser muy diminutas, lo cual demostraba los movimientos que Darwin había predicho y confirmaba las observaciones del propio Brown. Sin embargo, el radio y la velocidad del movimiento circular eran inferiores a los detectados en la Tierra, lo cual sugería que la gravedad era esencial para amplificar este movimiento inherente.

Las plantas ingrávidas se colocaron sobre una gran centrifugadora giratoria que imitaba la gravitación, tal como había hecho la noria de Knight muchos años atrás. Las plantas se monitorizaban de manera continua con una cámara mientras rotaban. Muy poco después de notar la fuerza G, las plantas empezaron a moverse dibujando círculos exagerados. Tanto el tamaño como la velocidad de los movimientos de las plantas giratorias eran similares a los detectados en las arabidopsis cultivadas en la Tierra. Ello revelaba que la gravedad no es necesaria para los movimientos, sino que más bien modula y amplifica los movimientos endógenos de la planta. Darwin tenía razón: por lo que sabemos, la circumnutación es un comportamiento inherente a las plantas, si bien requiere de la gravedad para alcanzar su máxima expresión.*

La planta en equilibrio

Una planta puede sentir atracciones simultáneas procedentes de distintas direcciones. La luz del sol que incide en ángulo en una planta la hace inclinarse hacia los rayos, mientras que los estatolitos que se hunden dentro de las ramas curvas de la planta le indican que se enderece. Estas señales a menudo contradictorias permiten a la planta situarse en una posición óptima para su entorno. Los zarcillos de una vid en busca de un apoyo al que enredarse se sentirán atraídos hacia la sombra de una verja cercana y la gravedad les permitirá enroscarse rápidamente a esta. Una planta en un alféizar sentirá atracción hacia la luz y crecerá hacia un lado, hacia la parte soleada del antepecho, mientras que la fuerza de la gravedad influirá en ella para que, al mismo tiempo, crezca hacia arriba. El olor de una tomatera atraerá a la cuscuta hacia un lado y el gravitropismo la impulsará a continuar creciendo hacia arriba. Como en la física de Newton, la posición de cualquier parte de la planta puede describirse como una suma de los vectores de fuerza que actúan sobre ella e indican a la planta dónde está y en qué dirección crecer.

* El mecanismo general de percepción de la gravedad es más complejo que la mera caída de los estatolitos dentro de la célula. [Morita, «Directional Gravity Sensing in Gravitropism».]

Los humanos y las plantas reaccionan a la gravedad de manera similar y dependemos de que nuestros sensores nos comuniquen nuestras posiciones para hallar el equilibrio. Pero cuando nos movemos no solo sabemos dónde se encuentran las partes de nuestro cuerpo en relación unas con otras, sino que además recordamos el movimiento, cosa que nos permite repetirlo una y otra vez. ¿Es capaz una planta de recordar también sus movimientos pasados?

7

¿Qué recuerda una planta?

> Los robles, los pinos y sus hermanos en los bosques han visto tantas albas y crepúsculos, tantas estaciones pasar y tantas generaciones caer en el silencio que es fácil preguntarse qué nos contarían los árboles si tuvieran lenguas para hablar... o si nosotros tuviéramos oídos lo bastante agudos para entenderlos.
>
> MAUD VAN BUREN,
> *Quotations for Special Occasions*

Los recuerdos suelen ocupar una gran porción de las distracciones mentales diarias de una persona corriente. Podemos recordar una comilona de órdago, los juegos a los que jugábamos de niños o una anécdota especialmente hilarante ocurrida en la oficina el día anterior, evocar una puesta de sol sobrecogedora que contemplamos una vez en una playa o rememorar experiencias particularmente traumáticas o aterradoras. Nuestra memoria depende de las percepciones sensoriales: un olor familiar o una canción preferida pueden desencadenar una oleada de recuerdos vívidos que nos retrotraen a un momento o un lugar concretos.

Como hemos visto, las plantas también tienen percepciones sensoriales muy diversas. Sin embargo, es evidente que carecen de recuerdos comparables a los nuestros: no se encogen de miedo al pensar en una sequía ni sueñan con los rayos de sol del verano. Tampoco echan de menos estar encerradas en una vaina ni se ponen nerviosas con la liberación prematura del polen. A diferencia de la Abuela Sauce de la película de Disney *Pocahontas*, los árboles vetustos no recuerdan la historia de las personas que han dormido a su sombra. Ahora bien, tal como hemos visto en capítulos anteriores, es evidente que tienen la capacidad de retener eventos pretéritos y de recuperar esa información en un momento posterior para integrarla en su marco de desarrollo: las plantas del tabaco saben el color de la última luz que han visto y los sauces saben si las orugas han atacado a sus vecinos. Estos ejemplos, entre muchos otros, ilustran una reacción retardada a un suceso previo, un elemento clave de la memoria.

Mark Jaffe, el mismo científico que acuñó el término de «tigmomorfogénesis», publicó uno de los primeros estudios sobre la memoria de las plantas en 1977, si bien no hablaba de ella en tales términos, sino que se refería a una retención de entre una y dos horas de duración de la información sensorial asimilada.[1] A Jaffe le interesaba averiguar qué induce a los zarcillos del guisante a curvarse cuando tocan un objeto al que pueden enroscarse. Los zarcillos del guisante son estructuras con forma de tallo que crecen en línea recta hasta que tropiezan con una valla o un poste que pueden utilizar como apoyo, momento a partir del cual se enroscan rápidamente al objeto para aferrarse a él.

Jaffe demostró que si cortaba un zarcillo de una planta del guisante pero lo mantenía en un entorno húmedo y bien iluminado, podía conseguir que el zarcillo amputado se enroscase simplemente frotándole la cara inferior con un dedo. Sin embargo, cuando llevó a cabo el mismo experimento en la oscuridad, los zarcillos extirpados no se enrollaban cuando los tocaba, lo cual indicaba que necesitaban luz para realizar sus giros mágicos. Con todo, el dato verdaderamente interesante era el siguiente: si un zarcillo al cual se había tocado en la oscuridad se colocaba a la luz una o dos horas después, se enroscaba de manera espontánea, sin necesidad de que Jaffe lo frotara de nuevo. De algún modo, observó Jaffe, el zarcillo que había tocado en la oscuridad había retenido esa información y la había recuperado una vez depositado bajo la luz. ¿Podía considerarse este almacenamiento y posterior recuperación de información una especie de «memoria»?

Las investigaciones en materia de memoria humana llevadas a cabo por el reputado psicólogo Endel Tulving nos proporcionan un fundamento inicial a partir del cual explorar las plantas y sus «recuerdos» únicos. Tulving propuso que la memoria humana existe en tres niveles.[2] El nivel inferior, la memoria procedimental, alude a un recuerdo no verbal de cómo hacer las cosas y depende de la capacidad de percibir estímulos externos (como recordar nadar al saltar a una piscina). En el segundo nivel se encuentra la memoria semántica, la memoria de conceptos (que engloba, por ejemplo, la mayoría de las materias que aprendimos en la escuela). Y el tercer nivel es la memoria episódica, que consiste en recordar eventos autobiográficos, como disfraces divertidos que nos pusimos en fiestas de Halloween en nuestra infancia o la tristeza que sentimos tras la muerte de una mascota a la que teníamos mucho cariño. La memoria episódica depende de la «conciencia propia» de cada persona. Es evidente que las plantas no dan la talla para la memoria semántica o episódica, que en realidad son las memorias que nos definen como seres humanos. Sin embargo, sí son capaces de notar estímulos externos y reaccionar, de manera que, de acuerdo con la definición de Tulving, las plantas tendrían memoria procedimental.[3] Y en efecto, así lo ilustran las plantas de guisantes de Jaffe, que notaban su tacto, lo recordaban y reaccionaban enroscándose.

Los neurobiólogos saben bastante de fisiología de la memoria y son capaces de identificar las zonas diferenciadas (más interconectadas) del cerebro responsables de los distintos tipos de memoria. Los científicos saben que es imprescindible que existan señales eléctricas entre las neuronas para que se formen y archiven recuerdos. En cambio, sabemos mucho menos acerca de la base molecular y celular de la memoria. Lo más fascinante es que las últimas investigaciones apuntan a que, si bien los recuerdos son infinitos, el número de proteínas implicadas en su conservación es reducido.[4]

Huelga decir que lo que denominamos «memoria» en el caso de los humanos en realidad es un término que abarca muchas formas distintas de memoria, además de las descritas por Tulving. Tenemos memoria sensorial, que recibe y filtra rápidamente las percepciones de los sentidos (en un pestañeo); memoria a corto plazo, que permite retener unos siete objetos en la conciencia durante varios segundos, y memoria a largo plazo, que define nuestra capacidad de almacenar recuerdos durante toda la vida. También tenemos memoria muscular, un tipo de memoria procedimental consistente en aprender de manera inconsciente movimientos como los que hacemos con los dedos para atarnos los cordones de los zapatos, y memoria inmunológica, gracias a la cual nuestro sistema inmunológico recuerda infecciones pasadas para evitar otras futuras. Salvo la última, todas ellas dependen de funciones cerebrales. La memoria inmunológica, por su parte, depende del funcionamiento de los glóbulos blancos y los anticuerpos.

Pero todas las formas de memoria tienen en común que incluyen los procesos de formación de recuerdos (codificación de información), retención de los recuerdos (almacenamiento de información) y evocación del recuerdo (recuperación de la información). Incluso la memoria informática utiliza exactamente estos tres procesos. Y si queremos detectar aunque sea la memoria más sencilla en las plantas, estos son los procesos que debemos observar.

La memoria a corto plazo de la venus atrapamoscas

Tal como hemos visto en el capítulo 4, la venus atrapamoscas necesita saber cuándo un bocado ideal camina sobre sus hojas. Cerrar su trampa exige una inversión inmensa de energía y volver a abrirla puede llevarle varias horas, de manera que la *Dionaea* solo acciona el muelle cuando está segura de que el insecto que camina despacito por su superficie es lo bastante grande como para dedicarle esa inversión de tiempo. Los grandes filamentos negros de sus lóbulos permiten a la venus atrapamoscas tocar literalmente a su presa, y son esos pelos los que accionan el muelle que cierra la trampa cuando la presa adecuada se interna en ella. Si el insecto roza solo uno de ellos, la trampa permanece abierta. En cambio, lo más probable es que un insecto lo bastante grande toque dos de esos pelos en un margen de unos veinte segundos, y esa señal hace que la venus atrapamoscas entre en acción.

Este sistema puede considerarse análogo a la memoria a corto plazo. En primer lugar, la venus atrapamoscas codifica la información (forma el recuerdo) de que algo (no sabe qué) ha tocado uno de sus pelos. A continuación, almacena esa información durante unos segundos (retiene el recuerdo) y finalmente la recupera (evoca el recuerdo) cuando le tocan un segundo filamento. Si una hormiguita tarda un rato en desplazarse de un pelo al otro, la trampa habrá olvidado el primer contacto cuando el insecto roce el segundo pelo. Dicho de otro modo, pierde la información almacenada, la trampa no se cierra y la hormiga continúa caminando alegremente por la hoja. ¿Cómo codifica y guarda la planta la información del roce del insecto desprevenido con el primer filamento? ¿Y cómo recuerda ese primer contacto para reaccionar al segundo?

Estos interrogantes fueron un enigma para la ciencia desde que John Burdon-Sanderson publicó el primer informe sobre la fisiología de la venus atrapamoscas, datado en 1882.[5] Un siglo después, Dieter Hodick y Andreas Sievers de la Universidad de Bonn, en Alemania, propusieron que la venus atrapamoscas almacenaba información acerca de cuántos pelos le habían tocado en la carga eléctrica de su hoja.[6] Su modelo resulta elegante por su simplicidad. En sus estudios descubrieron que el contacto con uno de los filamentos accionadores de la venus atrapamoscas provoca un potencial de acción eléctrico que induce la apertura de los canales de calcio en la trampa (esta combinación de los potenciales de acción y la apertura de los canales de calcio es similar a los procesos que tienen lugar durante la comunicación neuronal en los seres humanos) y, por ende, provoca un rápido aumento en la concentración de iones de calcio.

Plantearon asimismo que la trampa requiere una concentración de calcio relativamente elevada para cerrarse y que un único potencial de acción provocado por el contacto con un único pelo inductor no alcanza dicho nivel. En consecuencia, es preciso estimular un segundo filamento para incrementar la concentración de calcio en este umbral y accionar la trampa. La codificación de la información se da en el aumento inicial de los niveles de calcio. Para retener la información es preciso mantener un nivel lo bastante elevado de calcio como para que un segundo incremento (accionado por el contacto con un segundo pelo) sobrepase el umbral de calcio concentrado. Dado que las concentraciones de calcio se disipan con el tiempo, si el segundo contacto y potencial no acontecen enseguida, la concentración final tras el segundo desencadenante no es lo bastante elevada para cerrar la trampa y el recuerdo se pierde.

Estudios de investigación posteriores corroboran este modelo. Alexander Volkov y sus colegas de la Oakwood University, Alabama, fueron los primeros en demostrar que, en efecto, es la electricidad la que hace que la venus atrapamoscas se cierre de golpe.[7] Para comprobar su modelo, instalaron electrodos diminutos y aplicaron una descarga eléctrica a los lóbulos abiertos de la planta. De este modo consiguieron que la trampa se cerrara sin existir un contacto directo con sus filamentos sensibles (y aunque no midieron los niveles de calcio, es probable que la corriente provocara su incremento).

A continuación modificaron el experimento alterando la cantidad de corriente eléctrica, cosa que permitió a Volkov determinar la descarga exacta necesaria para que la trampa se cierre: se precisaba un flujo de catorce microculombios (una cantidad ligeramente superior a la de la electricidad estática generada al frotar dos globos entre sí) entre los dos electrodos. Dicha descarga podía producirse en una sola ráfaga o como una serie de descargas más breves en un plazo de veinte segundos. Si la carga total tardaba más de veinte segundos en acumularse, la trampa permanecía abierta.

De manera que este es el mecanismo que explica la memoria a corto plazo de la venus atrapamoscas. El primer contacto con un pelo activa un potencial eléctrico que radia de célula en célula. Esta descarga eléctrica se almacena a modo de incremento en las concentraciones de iones durante un breve lapso, y transcurridos unos veinte minutos se disipa. Pero si un segundo potencial de acción entra en contacto con la nervadura central en este periodo, la carga acumulativa y las concentraciones de iones superan el umbral y la trampa se cierra. Si transcurre demasiado tiempo entre ambos potenciales de acción, la planta olvida el primero y la trampa permanece abierta.

Esta señal eléctrica en la venus atrapamoscas (y, por extensión, las señales eléctricas en otras plantas) es similar a las señales eléctricas que intercambian las neuronas en los humanos y, de hecho, en todos los animales. La señal tanto en las neuronas como en las hojas de *Dionaea* puede inhibirse mediante medicamentos que obstruyen los canales de iones que se abren en las membranas cuando la señal eléctrica atraviesa la célula. Cuando Volkov trató previamente sus plantas con una sustancia química que inhibe los canales de potasio en las neuronas humanas, por ejemplo, las trampas no se cerraron cuando se las tocaba ni al recibir las descargas eléctricas.[8]

Memoria de los traumas a largo plazo

A mediados del siglo XX, el botánico checo Rudolf Dostál llevó a cabo unos siniestros estudios en plantas de lo que denominó «memoria morfogenética».[9] La memoria morfogenética es un tipo de memoria que influye posteriormente en la forma de la planta. En otras palabras: una planta puede experimentar un estímulo en un momento dado, como un desgarro en una hoja o una fractura de una rama, y en un inicio no resultar afectada, pero, cuando se produce un cambio de las condiciones ambientales, puede recordar esa experiencia pasada y reaccionar modificando su crecimiento.

Los experimentos de Dostál con plántulas de lino ilustran lo que entendía por memoria morfogenética. Para apreciar plenamente los experimentos de Dostál en este ámbito debemos entender un poco más la anatomía de una planta. Los plantones de lino brotan con dos grandes hojas llamadas «cotiledones». En el centro de esos dos cotiledones se encuentra lo que llamamos una «yema» o un «brote apical», que crece verticalmente a partir del tallo central de la planta. A medida que esta yema crece, emergen bajo ella dos brotes laterales a cada lado, cada uno de ellos encarado a una hoja. En condiciones normales, estos brotes laterales permanecen inactivos (no se desarrollan). Sin embargo, si la yema apical sufre algún daño o se corta, los brotes laterales empiezan a crecer y ampliarse y cada uno de ellos forma una nueva rama de la que cada brote lateral pasa a ser la yema apical. La represión de los brotes laterales por parte de la yema apical recibe el nombre de «dominio apical», y eliminarla constituye la base de la poda de las plantas. Cuando vemos a un jardinero podar los setos de delante de una casa, en realidad, si poda correctamente, lo que hace es cortar la yema apical de cada rama para alentar a que crezcan más brotes laterales y nuevas ramas.

En esta ilustración vemos tres plántulas de lino (*Linum usitatissimum*). La imagen de la izquierda muestra un plantón de dos semanas de edad con dos cotiledones y una yema apical (el pequeño bultito entre las dos hojas). La imagen central muestra una plántula similar después de que se haya decapitado la yema apical y los dos brotes laterales se hayan desarrollado durante una semana aproximadamente. Y la imagen de la derecha muestra un plantón al que se cortó el cotiledón izquierdo antes de decapitar la yema apical.

Lino (*Linum usitatissimum*)

En condiciones normales, si la yema apical se poda, ambos brotes laterales crecen de manera uniforme. Pero Dostál averiguó que, si eliminaba uno de los cotiledones antes de decapitar la yema apical, el único brote lateral que crecía era el que se encontraba cerca de la hoja restante.[10] Este resultado puede parecer un caso clásico de estímulo seguido de una reacción. Y ahora es cuando viene lo verdaderamente interesante. Cuando Dostál repitió el experimento e iluminó la planta con luz roja, el brote lateral más cercano al cotiledón ausente creció, hecho que reveló que cada brote lateral conserva el potencial de desarrollarse.

Michel Thellier, de la Universidad de Ruan, en el norte de Normandía, tomó el testigo de las investigaciones de Dostál. Thellier, integrante de la Academia de Ciencias de Francia, apreció que después de decapitar la yema apical de la planta de su elección, la *Bidens pilosa* (también conocida como amor seco), ambos brotes laterales empezaban a desarrollarse de manera más o menos uniforme.[11] En cambio, si se limitaba a dañar uno de los cotiledones solo crecía el brote lateral más cercano a la hoja sana. Thellier no tuvo que mutilar el cotiledón para obtener la reacción; le bastó con pinchar cuatro veces la hoja con una aguja en el momento de realizar la decapitación y aquella leve herida fue suficiente para estimular el crecimiento asimétrico de los brotes laterales.

En este caso, ¿dónde entra en acción la memoria de las plantas en lo que parece ser otro fenómeno clásico de estímulo y reacción? Pues bien, en ocasiones, durante sus experimentos, Thellier dilataba el tiempo que transcurría entre que dañaba la hoja y decapitaba la yema principal... hasta dos semanas. Y descubrió que el brote lateral más alejado del cotiledón dañado era el que crecía, mientras que el otro no lo hacía. Thellier sabía que, de alguna manera, el amor seco tenía que retener esa experiencia «traumática» y contar con un mecanismo para rememorarla una vez se cortaba la yema central, aunque ello sucediera muchos días después.

Amor seco (*Bidens pilosa*)

El siguiente experimento corroboró la idea de que el brote del amor seco recordaba cuál de sus hojas vecinas estaba dañada. En esta ocasión, Thellier clavó las agujas a uno de los cotiledones, tal como había hecho previamente, pero varios minutos después arrancó ambas hojas. Y descubrió que la planta retenía el recuerdo de los pinchazos: una vez cortada la yema central, el brote lateral opuesto al cotiledón dañado original crecía más que el situado en el lado de dicha hoja. El jurado aún está deliberando sobre cómo se almacena esta información en la yema central, pero una opción prometedora es que la señal esté conectada de algún modo con la auxina, la hormona de la cual hemos hablado en el capítulo 6.

El gran escalofrío

Trofim Denísovich Lysenko fue célebre por su repercusión en la ciencia en la Unión Soviética.[12] Rechazó la genética mendeliana clásica (basada en el principio de que todas las características son el resultado de genes heredados) y defendió la idea de que el entorno lleva al desarrollo de caracteres adaptativos (como la ceguera en los topos que viven en una oscuridad constante) que pueden transmitirse a generaciones posteriores. Esta teoría evolutiva, originalmente expuesta por el célebre naturalista francés Jean-Baptiste Lamarck en los albores del siglo XIX, encajaba a la perfección con la ideología dominante en la época en la que Lysenko llevó a cabo sus investigaciones, que sostenía que el proletariado podía modificarse mediante el entorno. La clase establecida soviética estaba tan encandilada con Lysenko que entre 1948 y 1964 fue ilegal en la Unión Soviética expresar cualquier disidencia de sus teorías. Política aparte, Lysenko realizó un descubrimiento fundamental en 1928 que a día de hoy sigue influyendo en la botánica.

Los agricultores soviéticos cultivan lo que se conoce como trigo de invierno, un trigo que se siembra en otoño, germina antes de las temperaturas gélidas invernales y permanece adormecido hasta que el suelo vuelve a calentarse en la primavera, momento en el cual florece. El trigo de invierno no florece y produce cereal en la primavera a menos que experimente un período de clima frío durante el invierno. Los últimos años de la década de 1920 fueron desastrosos para la agricultura soviética porque unos inviernos inusitadamente cálidos arrasaron con la mayoría de las plántulas de trigo de invierno, plántulas con las que los agricultores debían producir cereal para alimentar a millones de rusos.

Lysenko trabajó sin descanso para intentar conservar la poca cosecha que pudieran recolectar y encontrar un modo de garantizar que los inviernos cálidos no provocaran hambrunas en el futuro. Y descubrió que si introducía las semillas del trigo de invierno en un congelador antes de plantarlas podía inducir su germinación y florecimiento sin que hubieran vivido realmente un invierno prolongado. De este modo permitió a los agricultores plantar trigo en primavera y salvaguardó las cosechas de trigo de su país. Lysenko denominó este proceso «vernalización», palabra hoy asimilada como término general para cualquier tratamiento con frío, sea natural o artificial.

Trigo (*Triticum aestivum*)

Pero Lysenko erró dramáticamente al afirmar que el rasgo del florecimiento inducido por el frío podía transmitirse a la generación siguiente. Estaba convencido de que su manipulación de las condiciones ambientales de las semillas del trigo provocaba un cambio permanente en la genética de la planta y, por supuesto, se equivocaba. Si bien la ciencia entiende hoy cómo el entorno influye en las características de una planta con el paso de las generaciones, tema que abordaremos enseguida, los esfuerzos de Lysenko de engranar su ideología política con su trabajo científico tuvieron consecuencias calamitosas para la genética en la Unión Soviética y limitaron seriamente la evolución de los estudios en la materia.[13] Otros científicos sabían que algunas plantas necesitaban un clima frío para florecer (uno de los primeros informes surgió del Consejo de Agricultura de Ohio en 1857), pero Lysenko fue el primero en demostrar que este proceso podía manipularse artificialmente.[14] El cultivo de muchas plantas depende de las temperaturas frías del invierno; muchos árboles frutales solo florecen y dan fruto tras un frío invierno, y las semillas de lechuga y arabidopsis solo germinan tras una ola de frío. La ventaja económica de la vernalización es evidente: garantiza que tras el frío invernal una planta brotará o florecerá en primavera o verano y no durante otras épocas del año en las que la cantidad de luz y la temperatura podrían alentar su desarrollo.

Por ejemplo, los cerezos de Washington, D.C., suelen florecer por primera vez en el año en torno al 1 de abril, cuando hay unas doce horas de luz diurna. Pero en Washington también se disfrutan de doce horas de luz solar a mediados de septiembre y, sin embargo, esos mismos cerezos no florecen en otoño; de hacerlo, sus frutos no se desarrollarían nunca plenamente, porque se congelarían al aproximarse el invierno. Al florecer a principios de la primavera, los cerezos dan a sus frutos cinco meses completos para madurar. Y aunque la longitud del día es exactamente la misma en abril que en septiembre, los árboles son capaces de diferenciar entre ambos momentos. Saben que es abril porque recuerdan el invierno previo.

Hasta la pasada década no se había elucidado la base que explica que una plántula de trigo o un cerezo recuerden el invierno, y ello ha sido posible gracias a investigaciones realizadas con la arabidopsis, una planta de resultados contrastados. Las arabidopsis crecen en una amplia variedad de hábitats naturales, desde Noruega hasta las Islas Canarias. Las diferentes poblaciones de *Arabidopsis thaliana* reciben el nombre de «ecotipos». Los ecotipos de arabidopsis que crecen en los climas septentrionales precisan vernalización para florecer, mientras que no ocurre así con los que crecen en climas más cálidos. Esta necesidad de vernalización está codificada en los genes de los ecotipos del norte. Si se cruza una planta que precisa que haya invierno para florecer con una que no, la descendencia seguirá necesitando atravesar una ola de frío para crecer; genéticamente, la necesidad de frío es un rasgo dominante (tal como los ojos marrones son un rasgo dominante con respecto a los ojos azules en las personas). El gen específico implicado es el *FLC*, siglas en inglés de «*flowering* locus C». En su versión dominante, el *FLC* inhibe el florecimiento hasta que la planta ha experimentado un período de vernalización.

Una vez la planta atraviesa una fase de clima frío, el gen *FLC* deja de transcribirse, se desactiva. Pero ello no implica que las plantas empiecen a florecer de inmediato, sino solo que pueden florecer si confluyen otras condiciones, por ejemplo, relativas a la luz y la temperatura. De manera que la planta debe recordar de alguna manera que ha experimentado un clima frío para mantener desactivado el *FLC* por más que desde entonces las temperaturas hayan aumentado.

Muchos investigadores han intentado entender cómo la vernalización desactiva el *FLC* y lo mantiene desactivado. Estos estudios han subrayado que la epigenética está entrelazada en el recuerdo del invierno de una planta.[15] La epigenética alude a los cambios en la actividad de los genes que no requieren alteraciones en el código del ADN, tal como hacen las mutaciones, por más que tales cambios en la actividad genética se heredan de padres a hijos.* En mu-

---

* La epigenética abarca una amplia gama de cambios hereditarios independientes de la secuencia del ADN. Entre ellos figuran cambios químicos en las histonas, cambios químicos del ADN (por ejemplo, la metilación del ADN, véase pág. 164), distintos tipos de ARN pequeños y unas proteínas infecciosas conocidas como priones.

chos casos, la epigenética funciona mediante cambios en la estructura del ADN.

A nivel celular, el ADN se organiza en cromosomas, que son mucho más que simples cadenas de nucleótidos. La doble hélice del ADN se enrosca alrededor de unas proteínas denominadas «histonas» y forma lo que se conoce como cromatina. Esta cromatina puede enroscarse aún más, al igual que una banda elástica excesivamente enrollada, y compactar el ADN y las proteínas en estructuras muy condensadas y abarrotadas. Tales estructuras son dinámicas: distintas partes de la cromatina pueden desenrollarse o volverse a condensar. Los genes activos (los que se transcriben) están presentes en las partes de la cromatina que se han desenrollado, mientras que los inactivos se encuentran en las regiones más condensadas.[*]

Las proteínas histonas son uno de los factores clave que determinan la densidad con la que se empaca la cromatina y son fundamentales para entender cómo se activa el *FLC*. Los científicos han descubierto que el tratamiento con frío desencadena un cambio en la estructura de las histonas (un proceso llamado «metilación») que rodean el gen *FLC*, lo cual permite condensar mucho la cromatina. Esto desactiva el *FLC* y permite a la planta florecer. Este cambio epigenético (el tipo de histona alrededor del gen) se transmite de las células madre a las células hijas en las generaciones sucesivas y el gen *FLC* permanece inactivo en todas las células incluso después de concluido el período de clima frío. Una vez desactivado el gen *FLC*, las plantas pueden esperar a que el resto de las condiciones ambientales sean idóneas para florecer. En las plantas perennes como los robles y las azaleas, que florecen una vez al año, el gen *FLC* tiene que reactivarse después de que la planta haya dado flor y hasta después de trans-

---

[*] Uno de los principales diferenciadores de los tipos de células, por ejemplo de los glóbulos y los hepatocitos en las personas, o de las células del polen y las hojas en las plantas, es la estructura de su cromatina, que afecta a qué genes se activan.

currido el invierno siguiente para inhibir un florecimiento promiscuo atemporal. Para ello, las células tienen que reprogramar el código de sus histonas, que abre la cromatina alrededor del gen *FLC* y lo reactiva.[16] En la actualidad se estudia cómo se produce este hecho y cómo se regula.[17] Este y otros mecanismos epigenéticos explican que las plantas recuerden múltiples condiciones ambientales. Ahora bien, la memoria epigenética no es específica de las plantas y forma la base de muchos procesos biológicos y enfermedades. La epigenética ha propiciado un cambio de paradigma en la biología porque se opone al concepto genético clásico de que los únicos cambios que pueden transmitirse de célula a célula son los que están presentes en la secuencia del ADN. Lo verdaderamente asombroso acerca de la epigenética es que facilita el recuerdo no solo de estación en estación en un mismo organismo, sino de generación en generación.

En cada generación...

Los recuerdos se transmiten activamente de una generación a la siguiente mediante rituales, cuentos orales, etc. Sin embargo, la memoria transgeneracional que abarca la epigenética es completamente distinta. Este tipo de memoria suele implicar información acerca de estresores ambientales o físicos que se transmiten de padres a hijos. El laboratorio de Barbara Hohn en Basilea, Suiza, fue el primero en proporcionar pruebas de la existencia de esta memoria transgeneracional.[18] Hohn y sus colegas sabían que las condiciones que crean estrés en una planta, como la luz ultravioleta o un ataque de patógenos, provocan cambios en su genoma que derivan en nuevas combinaciones de ADN.

En términos ecológicos, estos cambios inducidos por el estrés tienen sentido porque, como cualquier otro organismo, una planta necesita hallar modos de sobrevivir bajo tensión, y una de las maneras que tiene de hacerlo es mediante nuevas variaciones genéticas. El fascinante estudio de Hohn demostró que las plantas estresadas no solo crean nuevas combinaciones de ADN, sino que sus vástagos también las crean aunque no se hayan visto directamente expuestos a ninguna tensión. El estrés experimentado por las progenitoras provocó un cambio heredable estable que se transmitió a sus retoños, los cuales se comportaban como si también hubieran vivido ese estrés. Recordaban que sus progenitoras lo habían padecido y reaccionaban de manera similar a ellas.

Usar la palabra «recordaban» en este contexto puede parecer poco ortodoxo, pero analicémoslo a la luz de las tres etapas de la memoria que hemos descrito al principio de este capítulo: los padres formaron el recuerdo del estrés, lo retuvieron y se lo transmitieron a sus vástagos, y dichos vástagos recuperaron la información y reaccionaron con acuerdo a ella, en este caso con nuevos cambios genómicos.

Las implicaciones de este estudio son amplias. Un estrés ambiental causa un cambio hereditario que se transmite a generaciones sucesivas. Ello encaja a la perfección con las teorías de Jean-Baptiste Lamarck, quien, como se recordará, afirmaba que la evolución se basaba en la herencia de caracteres adquiridos. Las plantas de Hohn, tras haber sido sometidas a un estrés con rayos ultravioleta o patógenos, adquirieron la característica de una variación genética incrementada y se la transmitieron a toda su progenie (¡y hay que tener en cuenta que una sola planta de arabidopsis produce miles de semillas!). Este hecho no puede explicarse por mutaciones en la secuencia del ADN de las plantas estresadas, porque, a lo sumo, en tal caso se transmitiría a un porcentaje muy reducido de los vástagos. Por otro lado, si el estrés indujo un cambio epigenético, este pudo tener lugar en todas las células de golpe, incluidas las del polen y los óvulos, y transferirse a toda la generación siguiente, así como a las futuras. Si bien los científicos siguen especulando acerca de la naturaleza del cambio epigenético involucrado en estos recuerdos, sigue siendo un enigma.

Igor Kovalchuk concibió un estudio de seguimiento en el que incluyó otros estresores de la variación genética en plantas y su progenie, incluidos el calor y la sal.[19] Demostró que estas distintas agresiones del medio ambiente aumentan la frecuencia de las reorganizaciones genómicas no solo en la generación de los progenitores sino también en la segunda generación. Los resultados obtenidos por Kovalchuk fueron fascinantes porque revelaron aún más que eso: no solo la segunda generación de plantas mostraba una variación genética aumentada, cosa que confirmaba los resultados de Hohn, sino que, además, era más tolerante a los diversos estresores. En otras palabras, los progenitores estresados generaron retoños que, en condiciones adversas, prosperaban mejor que las plantas normales. Casi con total seguridad, las distintas tensiones ambientales inducen cambios epigenéticos en la estructura de la cromatina de los progenitores, cambios que hereda su progenie. Creemos que así ocurre porque el equipo de Kovalchuk demostró que si trataban a los retoños con una sustancia química que borraba la información epigenética, esas mismas plantas perdían la capacidad de prosperar bajo el estrés ambiental. Los resultados de Hohn no contaron con la aceptación universal, como ocurre con muchos estudios científicos que provocan cambios de paradigma.[20] No obstante, un número creciente de ejemplos está cimentando la idea de la memoria transgeneracional. Por ejemplo, mi colega Georg Jander de la Cornell University demostró que «nietas» de plantas de arabidopsis atacadas por orugas seguían reaccionando a la defensiva generando ácido jasmónico en mayores cantidades, el cual provocaba que las orugas crecieran menos de un 50 por ciento de lo normal.[21] Esta memoria transgeneracional dependía de otro mecanismo epigenético en el que participaban pequeñas moléculas de ARN. Cada vez existe un mayor consenso con respecto a que estos resultados, como otros adicionales, anuncian una nueva era de la genética.[22] La idea de que el estrés genere recuerdos que se transmiten de generación en generación se sustenta en un número creciente de estudios realizados no solo en plantas, sino también en animales. En todos los casos, esta «memoria» se basa en alguna forma de herencia epigenética.

¿Memoria inteligente?

Es incuestionable que las plantas tienen la capacidad de retener y recuperar información biológica. Sin embargo, eso no significa que lo recuerden todo. De hecho, olvidan mucho más de lo que recuerdan, sobre todo en lo tocante a las tensiones.[23] Los recuerdos, que conducen a una respuesta determinada, podrían resultar útiles en un entorno con cambios predecibles y recurrentes. En cambio, en un entorno estable o impredecible, la mejor estrategia para una planta consiste en regresar a la situación previa al estrés o, lo que es lo mismo, en «olvidar» que dicho estrés se ha producido. Podemos entender esto a título personal planteándonos la siguiente pregunta: ¿de qué nos sirve recordar algo si no nos ayuda a actuar de manera distinta en el futuro? Estudios muy recientes señalan que el equilibrio entre recuerdo y olvido está influido por el período de recuperación tras la tensión, es decir, por el lapso transcurrido desde el estrés previo. Mecánicamente, este factor puede estar mediado por la estabilidad de determinadas moléculas de ARNm en la célula.

La intuición nos dice que los recuerdos de las plantas son muy distintos de los recuerdos detallados y teñidos de sentimientos que nosotros rememoramos a diario. Sin embargo, en un nivel básico, los comportamientos de distintas plantas descritos en este capítulo son tipos de memoria correctivos. La forma de enroscarse del zarcillo, el cierre de la venus atrapamoscas y el recuerdo de las tensiones ambientales en el caso de la arabidopsis engloban los procesos de formarse un recuerdo del evento, retenerlo durante períodos de tiempo claros y recordarlo en un momento posterior para obtener una respuesta específica que favorezca el desarrollo.[24]

Muchos de los mecanismos implicados en la memoria de las plantas también tienen una función en la memoria humana, incluidos la epigenética y los gradientes electroquímicos. Dichos gradientes son fundamentales para las conexiones neuronales de nuestros cerebros, la sede de la memoria tal como la mayoría la entendemos. En el transcurso de los últimos años, la botánica ha descubierto que las células vegetales no solo se comunican mediante corrientes eléctricas (tal como hemos visto en varios capítulos), sino que, además, las plantas contienen proteínas que en los humanos y otros animales funcionan como neurorreceptores. Un ejemplo perfecto es el receptor de glutamato. Los receptores de glutamato del cerebro son fundamentales para la comunicación neuronal, la formación de recuerdos y el aprendizaje, y existen una serie de medicamentos neuroactivos que los atacan. De ahí que a un equipo de científicos de la New York University les sorprendiera descubrir que las plantas contienen receptores de glutamato y que la arabidopsis es sensible a medicamentos neuroactivos que alteran la actividad de dichos receptores.[25]

¿De qué podían servirles a las plantas proteínas neurorreceptoras como el receptor de glutamato, si tenemos en cuenta que carecen de neuronas?[26] Estudios subsiguientes llevados a cabo por José Feijó y su equipo en Portugal demuestran que, en las plantas, estos receptores actúan en la señalización entre células de un modo muy similar a cómo se comunican entre sí las neuronas en los seres humanos. Y uno no puede más que maravillarse ante la función evolutiva de los «receptores cerebrales» en las plantas. Quizá las similitudes entre la función cerebral humana y la fisiología vegetal sean mayores de lo que suponíamos.

Los recuerdos de las plantas, como la memoria inmunológica de los humanos, no responden a la memoria semántica o episódica, según la definición de Tulving, sino más bien a la memoria procedimental, al recuerdo sobre cómo hacer las cosas, y tales recuerdos dependen de la capacidad de notar estímulos externos. Tulving planteó que cada uno de los tres niveles de memoria está relacionado con un nivel creciente de conciencia.[27] La memoria procedimental va asociada a la conciencia anoética, la memoria semántica a la conciencia noética y la memoria episódica a la conciencia autonoética. Es evidente que las plantas no encajan en la definición de la conciencia asociada con la memoria semántica o episódica. Pero, tal como recogía un artículo de opinión reciente: «El nivel inferior de conciencia característico de la memoria procedimental, la conciencia anoética, alude a la capacidad de los organismos de percibir estímulos externos e internos y reaccionar a ellos, cosa de la que todas las plantas y animales simples son capaces».[28] Y ello nos lleva a la pregunta más enigmática de todas: si las plantas presentan distintos tipos de memoria y tienen alguna forma de conciencia, ¿habría que considerarlas inteligentes?

Epílogo

La planta consciente

«Inteligencia» es un término cargado de implicaciones. Cada cual, desde Alfred Binet, el inventor de la tan debatida prueba del coeficiente intelectual, hasta el reputado psicólogo Howard Gardner, entiende de un modo distinto qué implica calificar a alguien de «inteligente».[1] Mientras que algunos investigadores consideran la inteligencia una predisposición exclusiva de los seres humanos, hemos visto estudios de animales, desde orangutanes hasta pulpos, que poseen cualidades que encajan en algunas definiciones de «inteligencia».[2] Sin embargo, aplicar las definiciones de inteligencia a las plantas es más polémico, por más que la cuestión de la inteligencia de las plantas no sea una novedad. William Lauder Lindsay, médico y botánico, escribió en 1876: «A mi parecer, determinados atributos de la mente, tal como ocurre en el hombre, son comunes en las plantas».[3]

Anthony Trewavas, un estimado fisiólogo vegetal que trabaja en la Universidad de Edimburgo, Escocia, y uno de los primeros estudiosos modernos de la inteligencia vegetal, señala que, si bien es evidente que los humanos son más inteligentes que otros animales, es poco probable que la inteligencia, en cuanto propiedad biológica, se originara exclusivamente en el *Homo sapiens*.[4] En este sentido, Trewavas considera la inteligencia una característica biológica a la par, por poner un ejemplo, con la forma del cuerpo y la respiración, factores que evolucionaron a través de la selección natural de características presentes en organismos anteriores. De hecho, muchos de los fenómenos debatidos en este libro pueden retrotraerse a un precursor común de las plantas y los animales. Lo vimos con bastante claridad en el capítulo 5, en los genes «de la sordera» que comparten plantas y humanos. Dichos genes estaban presentes en un ancestro común de las plantas y los animales, y Trewavas ha planteado que también lo estaba una forma rudimentaria de inteligencia.

Charles Darwin llegó incluso a afirmar que las raíces de una planta eran similares al cerebro de un animal. En el último párrafo de *Los movimientos y hábitos de las plantas trepadoras*, Darwin concluye: «Creemos que no existe en las plantas una estructura más maravillosa, por cuanto a sus funciones concierne, que la punta radicular. [...] Ha adquirido multitud de tipos diversos de sensibilidad. Y no sería una exageración afirmar que la punta radicular, así dotada y con la capacidad de dirigir los movimientos de las partes contiguas, actúa como el cerebro de uno de los animales inferiores». Echándole un poco de imaginación, la anatomía y la fisiología de las plantas comparten muchas similitudes con las redes neuronales en los animales. Algunas de ellas son evidentes, como las señales eléctricas detectadas en la venus atrapamoscas y en la mimosa, mientras que otras generan más divisiones de opinión, como el hecho de que la arquitectura de las raíces de las plantas sea similar a la arquitectura de las redes neuronales halladas en varios animales.[5]

Stefano Mancuso, de la Universidad de Florencia, Frantiöek Baluöka, de la Universidad de Bonn, y sus colegas han desarrollado aún más la hipótesis de Darwin que compara el cerebro con las raíces, hasta el punto de utilizar el término «neurobiología vegetal» para destacar las similitudes entre plantas y animales.

Muchos defensores de la neurobiología vegetal argumentarían que se trata de un término polémico y, por consiguiente, útil para suscitar debate y discusiones acerca de los paralelismos entre los modos de procesar la información de las plantas y los animales. Las metáforas, tal como destacan Trewavas y otros científicos, nos ayudan a establecer conexiones que normalmente no haríamos. Si al emplear el término «neurobiología vegetal» desafiamos a las personas a reevaluar su comprensión de la biología en general y de la botánica en particular, entonces se trata de un término válido. Pero conviene dejar algo claro: al margen de las similitudes que detectemos a nivel genético entre plantas y animales (que, como hemos visto, son importantes), se trata de dos adaptaciones evolutivas únicas a la vida multicelular, cada una de las cuales depende de conjuntos de células, tejidos y órganos exclusivos de su reino. Por ejemplo, los animales vertebrados desarrollaron un esqueleto óseo para soportar su peso, mientras que las plantas desarrollaron un tronco leñoso. Ambos desempeñan funciones similares, pero cada uno de ellos es biológicamente único.

Si bien podríamos definir subjetivamente la «inteligencia vegetal» como otra faceta de las inteligencias múltiples, tal definición no amplía nuestra comprensión ni de la inteligencia ni de la biología vegetal. La pregunta, sugiero, no debería ser si las plantas son o no «inteligentes», pues tardaremos siglos en llegar a un consenso sobre qué significa ese término; la pregunta debería ser: ¿las plantas son conscientes? Y, a decir verdad, sí lo son. Las plantas son sumamente conscientes del mundo que las rodea. Son conscientes de su entorno visual: distinguen entre la luz roja, azul y roja extrema, y reaccionan de manera distinta a cada una de ellas. También son conscientes de los aromas que las envuelven y responden a cantidades minúsculas de compuestos volátiles que flotan en el aire. Las plantas saben cuándo las tocan y diferencian entre los distintos tipos de contacto. Y son conscientes de la gravedad: pueden cambiar de forma para asegurarse de que sus brotes crezcan hacia arriba y sus raíces hacia abajo. Además, las plantas son conscientes de su pasado: recuerdan las infecciones que han sufrido y las inclemencias que han capeado y modifican su fisiología actual en función de dichos recuerdos.

¿Qué implicaciones tiene para nuestras interacciones con el mundo vegetal el hecho de que las plantas sean conscientes? Para empezar, la «conciencia» de una planta no tiene nada que ver con la de una persona. Los seres humanos somos solo una de las múltiples presiones externas que aumentan o reducen las posibilidades de supervivencia y éxito reproductivo de una planta. Empleando términos de la psicología freudiana: la psique de la planta carece de ego y superego, si bien sí puede contener un id, la parte inconsciente de la psique que recibe los estímulos sensoriales y reacciona por instinto. Una planta es consciente de su entorno, y las personas forman parte de ese entorno. Sin embargo, no es consciente de la infinidad de jardineros y biólogos vegetales que establecen lo que ellos consideran relaciones personales con sus plantas. Aunque tales relaciones puedan ser significativas para el cuidador, no son distintas a la relación que se establece entre un niño y su amigo imaginario: el canal de significado es unidireccional. He escuchado tanto a científicos de renombre internacional como a estudiantes universitarios utilizar con abandono un lenguaje antropomórfico con respecto a sus plantas y asegurar, por ejemplo, «que no parecen felices» cuando tienen mildiu en las hojas o que se ponen «contentas» cuando las riegan.

Estos términos representan nuestra propia evaluación subjetiva del estado fisiológico carente de emociones de una planta. Por más que tanto las plantas como las personas reciban multitud de estímulos sensoriales, solo los humanos procesan dichos estímulos como un paisaje sensorial. Proyectamos en las plantas nuestra carga emocional y damos por sentado que una flor en pleno florecimiento es más feliz que una marchita. Si «feliz» puede definirse como un «estado fisiológico óptimo», entonces quizá el término sea atinado. Pero creo que para todos nosotros, la «felicidad» no se limita a gozar de una salud física intachable. De hecho, todos hemos conocido a personas enfermas que se consideran felices y también a personas sanas que viven apesadumbradas. La felicidad, supongo que todos estaremos de acuerdo, es un estado mental. Y la conciencia de una planta tampoco implica que la planta sufra. Una planta que ve, huele y nota no sufre más dolor que un ordenador con un disco duro defectuoso. De hecho, los términos «dolor» y «sufrimiento», como «feliz», son subjetivos y están fuera de lugar al describir a las plantas. La Asociación Internacional para el Estudio del Dolor define el dolor como «una experiencia sensorial y emocional desagradable asociada con un daño de tejidos real o potencial o descrita en términos de tal daño».[6] Quizá el «dolor» de una planta podría definirse en términos de «daño de tejidos real o potencial», como cuando una planta nota un riesgo físico que puede comportar un deterioro o muerte celular. Una planta nota cuándo las mandíbulas de un insecto le perforan una hoja y sabe cuándo se está quemando en un incendio forestal. Las plantas saben cuándo les falta agua durante una sequía. Pero no sufren. Por lo que sabemos hasta el momento, no tienen la capacidad de vivir una «experiencia [...] emocional desagradable». De hecho, incluso en los seres humanos el dolor y el sufrimiento se consideran fenómenos separados que interpretan partes distintas del cerebro.[7] Estudios del cerebro realizados mediante imágenes han identificado centros del dolor en el cerebro humano que radian del tronco encefálico, mientras que la capacidad de sufrir, según cree la ciencia, se sitúa en el córtex prefrontal. De manera que, si el sufrimiento provocado por el dolor requiere de complejas estructuras neuronales y conexiones del córtex frontal, presentes solo en los vertebrados superiores, es evidente que las plantas no sufren, puesto que no tienen cerebro.

Considero clave acentuar el constructo de que las plantas carecen de cerebro. Si tenemos en cuenta que una planta no tiene cerebro, entenderemos que cualquier descripción antropomórfica se fundamenta en una idea muy limitada. Y ello nos permite continuar antropomorfizando el comportamiento de las plantas en pro de la calidad literaria al tiempo que recordamos que tales descripciones deben templarse con la idea de que una planta es un ser sin cerebro. Por más que utilicemos los mismos términos («ver», «oler», «notar»...), sabemos que la experiencia sensorial global de las personas y las plantas es cualitativamente distinta. Sin esta advertencia, un antropomorfismo desbocado del comportamiento de una planta puede tener consecuencias desafortunadas, cuando no hilarantes. Por ejemplo, en 2008, el Gobierno suizo estableció un comité ético para proteger la «dignidad» de las plantas.* Es poco probable que a una planta sin cerebro le preocupe su dignidad.[8] Ahora bien, si una planta es consciente, ello tiene implicaciones para nuestras interacciones con el reino vegetal. Quizá el intento suizo de dignificar las plantas sea un reflejo del esfuerzo por definir nuestra relación con el mundo vegetal. A título individual, los seres humanos tendemos a buscar nuestro lugar en la sociedad comparándonos con otras personas. Y en cuanto especie, buscamos nuestro lugar en la naturaleza comparándonos con otros animales. Nos resulta fácil vernos en los ojos de un chimpancé y nos identificamos con un bebé gorila que se agarra a su madre. *Marley*, el perro del escritor John Grogan, así como *Lassie* y *Rin Tin Tin*, evoca sentimientos de empatía muy profundos, e incluso las personas que no sienten un aprecio especial por los perros son capaces de detectar rasgos humanos en nuestros amigos caninos. He conocido a dueños de aves que afirman que sus loros los entienden y a amantes de los peces que atisban comportamientos humanos en sus seres marinos. Estos ejemplos demuestran claramente que «huma-

---

* Dicho comité se fundó para ampliar la definición de la dignidad con respecto al mundo vegetal, puesto que la Constitución Federal Suiza exige «tener en cuenta la dignidad de los seres vivos al tratar con animales, plantas y otros organismos». Véase: <http://www.ekah.admin.ch/en/topics/dignity-of-living-beings>.

na» puede ser solo un calificativo, por interesante que sea, de la inteligencia.

De manera que si los humanos y las plantas compartimos que ambos somos conscientes de complejos entornos luminosos, aromas intricados y estímulos físicos distintos, si ambos tenemos preferencias y ambos recordamos, ¿podríamos pensar que lo que hacemos al contemplar las plantas es proyectar una imagen de nosotros mismos?

Lo que debemos entender es que, desde un punto de vista amplio, compartimos biología no solo con los chimpancés y los perros, sino también con las begonias y las secuoyas. Y al admirar nuestro rosal en plena flor deberíamos ser conscientes de estar mirando a un primo muy lejano, de que ese rosal es tan capaz de discernir entornos complejos como nosotros y de que compartimos genes. Cuando observamos a una hiedra trepar por una pared, contemplamos lo que podría haber sido nuestro destino de no haber sido por un evento estocástico ancestral. Lo que vemos es otro resultado posible de nuestra propia evolución, un resultado que se desvió por otra rama hace unos dos mil millones de años.

El pasado genético compartido no anula los eones de evolución por separado. Si bien las plantas y los humanos conservan habilidades paralelas de notar y ser conscientes del mundo físico, las sendas independientes de evolución que adoptaron han conducido a los humanos a desarrollar una capacidad, más allá de la inteligencia, que las plantas no tienen: la capacidad de cuidar.

De manera que la próxima vez que pasee por un parque, deténgase un segundo para preguntarse: «¿Qué ve el diente de león de ese parterre? ¿Qué huele la hierba?». Toque las hojas de un roble sabiendo que el árbol recordará que lo han acariciado, aunque no recuerde que ha sido usted quien lo ha hecho. En cambio, usted sí puede recordar ese árbol y atesorar ese recuerdo en su interior para siempre.

Agradecimientos

Este libro no se habría publicado sin el apoyo de tres mujeres fascinantes.

En primer lugar, mi esposa, Shira, quien me alentó a ampliar los límites, a embarcarme en un proyecto que trascendiera la investigación académica y la escritura de artículos académicos, y, finalmente, a pulsar la tecla «Enviar». Sin su amor y su fe en mí, este libro no existiría.

En segundo lugar, mi agente, Laurie Abkemeier. Su experiencia, tenacidad, apoyo y optimismo inagotables hicieron que este autor novato se sintiera como un veterano ganador del premio Pulitzer. Tuve la suerte de encontrar no solo a una agente, sino a una amiga.

En tercer lugar, mi editora en Scientific American/Farrar, Straus and Giroux, Amanda Moon, encargada de la desmoralizante labor de convertir mis escritos académicos en una prosa legible. Amanda trabajó de manera incansable en las sucesivas correcciones de cada capítulo haciendo alarde de una paciencia infinita.

Muchos científicos de todo el mundo me ayudaron a transformar este material en una obra con validez científica. Los profesores Ian Baldwin (Instituto Max Planck de Ecología Química en Alemania), Janet Braam (Rice University), John Kiss (Miami University), Viktor Zarsky (Academia de Ciencias de la República Checa) y Eric Brenner (New York University) tuvieron la amabilidad de hacer un hueco en sus apretadas agendas para leer fragmentos de este libro y confirmar que los datos científicos expuestos eran correctos. El germen de este volumen se originó en conversaciones con Eric, a quien estaré agradecido toda la vida por su visión perspicaz y por su amistad. Quiero dar también las gracias al profesor Ted Farmer (Universidad de Lausana), al profesor Jonathan Gressel (Instituto Weizmann de Ciencia), a la doctora Lilach Hadany (Universidad de Tel Aviv), al profesor Anders Johnsson (Universidad de Ciencia y Tecnología de Noruega), al profesor Igor Kovalchuk (Universidad de Lethbridge) y a la doctora Virginia Shepherd (Universidad de Nueva Gales del Sur) por sus aportaciones en distintas etapas de este proyecto. La influencia de mis mentores, el profesor Joseph Hirschberg y el profesor Xing-Wang Deng, permea todos mis trabajos y escritos científicos.

Valeria Pouder fue una ayudante de investigación excepcional para la edición revisada. Gracias también a Karen Maine por sus revisiones y diligencia para mantenerme en plazo, a Ingrid Sterner por su impecable corrección y al equipo de Scientific American/Farrar, Straus and Giroux, con quienes fue un placer trabajar.

Tengo la fortuna de contar con colegas fabulosos en la Universidad de Tel Aviv con quienes mantengo útiles conversaciones en los pasillos. En concreto, muchas de las ideas de este libro las exploré inicialmente con los profesores Nir Ohad y Shaul Yalovsky en el curso de «Introducción a las Ciencias Botánicas» que impartimos. Vaya también mi gratitud a mis colegas de laboratorio, Ofra, Ruti, Sophie, Elah, Mor y Giri, por aceptar mis ausencias en la supervisión de sus investigaciones mientras redactaba este libro y, en especial, a Tally Yahalom, quien me sustituyó al frente del laboratorio. Mi interacción diaria con ellos me recuerda constantemente por qué la investigación es tan emocionante. Estoy en deuda asimismo con el benefactor del Centro de Biociencias Vegetales Manna por mostrarme cómo la combinación de la modestia con la determinación puede crear una sinergia que impulse a alcanzar objetivos importantes.

Y deseo dar las gracias a Alan Chapelski por mi retrato y a Deborah Luskin por ayudarme a empezar a escribir. Mi extensa familia ha sido una fuente de apoyo incondicional. Estaré eternamente agradecido a mi hermana Raina, a Ehud, Gitama, Yanai, Phyllis y a mi madre, Marcia, que fueron los primeros lectores del manuscrito. Mis hijos, Eytan, Noam y Shani, son una fuente constante de alegría e incluso se mostraron dispuestos a ayudarme cuando no conseguía acordarme de una palabra. Y por último, quiero darle las gracias a mi padre, David, por sus correcciones y su apoyo constante y por haber aceptado permanecer en un segundo plano durante la creación de este libro.

Notas

PRÓLOGO

1. Daniel A. Chamovitz *et al.*, «The COP9 Complex, a Novel Multisubunit Nuclear Regulator Involved in Light Control of a Plant Developmental Switch», *Cell* 86, 1 (1996), pp. 115-121.
2. Daniel A. Chamovitz y Xing-Wang Deng, «The Novel Components of the Arabidopsis Light Signaling Pathway May Define a Group of General Developmental Regulators Shared by Both Animal and Plant Kingdoms», *Cell* 82, 3 (1995), pp. 353-354.
3. Alyson Knowles *et al.*, «The COP9 Signalosome Is Required for Light-Dependent Timeless Degradation and *Drosophila* Clock Resetting», *Journal of Neuroscience* 29, 4 (2009), pp. 1152-1162; Ning Wei, Giovanna Serino y Xing-Wang Deng, «The COP9 Signalosome: More Than a Protease», *Trends in Biochemical Sciences* 33, 12 (2008), pp. 592-600.
4. Peter Tompkins y Christopher Bird, *The Secret Life of Plants*, Nueva York, Harper & Row, 1973. [Hay trad. cast.: *La vida secreta de las plantas*, Madrid, Capitán Swing, 2016.] Arthur W. Galston, «The Unscientific Method», *Natural History* 83 (1974), pp. 18, 21 y 24.

1. ¿QUÉ VEN LAS PLANTAS?

1. Charles Darwin y Francis Darwin, *The Power of Movement in Plants*, Nueva York: D. Appleton, 1881, p. 1. [Hay trad. cast.: *Los movimientos y hábitos de las plantas trepadoras*, Madrid, La Catarata, 2009.]
2. Ibídem, p. 450.
3. Puede consultarse un breve recorrido histórico de la investigación de la luz por parte del Departamento de Agricultura de Estados Unidos en <www.ars.usda.gov/is/timeline/light.htm>.

4. Wightman W. Garner y Harry A. Allard, «Photoperiodism, the Response of the Plant to Relative Length of Day and Night», *Science* 55, 1431 (1922), pp. 582-583.

5. Marion W. Parker *et al.*, «Action Spectrum for the Photoperiodic Control of Floral Initiation in Biloxi Soybean», *Science* 102, 2641 (1945), pp. 152-155.

6. Harry Alfred Borthwick, Sterling B. Hendricks y Marion W. Parker, «The Reaction Controlling Floral Initiation», *Proceedings of the National Academy of Sciences of the United States of America* 38, 11 (1952), pp. 929-934; Harry Alfred Borthwick *et al.*, «A Reversible Photoreaction Controlling Seed Germination», *Proceedings of the National Academy of Sciences of the United States of America* 38, 8 (1952), pp. 662-666.

7. Warren L. Butler *et al.*, «Detection, Assay, and Preliminary Purification of the Pigment Controlling Photoresponsive Development of Plants», *Proceedings of the National Academy of Sciences of the United States of America* 45, 12 (1959), pp. 1703-1708.

8. Maarten Koornneef, E. Rolff y Carel Johannes Pieter Spruit, «Genetic Control of Light-Inhibited Hypocotyl Elongation in *Arabidopsis thaliana* (L) Heynh», *Zeitschrift für Pflanzenphysiologie* 100, 2 (1980), pp. 147-160.

9. Joanne Chory, «Light Signal Transduction: An Infinite Spectrum of Possibilities», *Plant Journal* 61, 6 (2010), pp. 982-991.

10. Georg Kreimer, «The Green Algal Eyespot Apparatus: A Primordial Visual System and More?», *Current Genetics* 55, 1 (2009), pp. 19-43.

11. Jonathan Gressel, «Blue-Light Photoreception», *Photochemistry and Photobiology* 30, 6 (1979), pp. 749-754.

12. Margaret Ahmad y Anthony R. Cashmore, «*HY4* Gene of *A. thaliana* Encodes a Protein with Characteristics of a Blue-Light Photoreceptor», *Nature* 366, 6451 (1993), pp. 162-166.

13. Anthony R. Cashmore, «Cryptochromes: Enabling Plants and Animals to Determine Circadian Time», *Cell* 114, 5 (2003), pp. 537-543.

2. ¿QUÉ HUELEN LAS PLANTAS?

1. Frank E. Denny, «Hastening the Coloration of Lemons», *Agricultural Research* 27 (1924), pp. 757-769.

2. Richard Gane, «Production of Ethylene by Some Ripening Fruits», *Nature* 134 (1934), p. 1008; William Crocker, A. E. Hitchcock y P. W. Zimmerman, «Similarities in the Effects of Ethylene and the Plant Auxins», *Contributions from Boyce Thompson Institute* 7 (1935), pp. 231-248.

3. Justin B. Runyon, Mark C. Mescher y Consuelo M. De Moraes, «Volatile Chemical Cues Guide Host Location and Host Selection by Parasitic Plants», *Science* 313, 5795 (2006), pp. 1964-1967.

4. David F. Rhoades, «Responses of Alder and Willow to Attack by Tent Caterpillars and Webworms: Evidence for Pheromonal Sensitivity of Willows», en: Paul A. Hedin, ed., *Plant Resistance to Insects*, Washington, D.C.: American Chemical Society, 1983, pp. 55-66.

5. Ian T. Baldwin y Jack C. Schultz, «Rapid Changes in Tree Leaf Chemistry Induced by Damage: Evidence for Communication Between Plants», *Science* 221, 4607 (1983), pp. 277-279.

6. Simon V. Fowler y John H. Lawton, «Rapidly Induced Defenses and Talking Trees: The Devil's Advocate Position», *American Naturalist* 126, 2 (1985), pp. 181-195.

7. Los títulos de los artículos originales son, respectivamente: «Scientists Turn New Leaf, Find Trees Can Talk», *Los Angeles Times*, 6 de junio de 1983, A9; «Shhh. Little Plants Have Big Ears», *Miami Herald*, 11 de junio de 1983, 1B; «Trees Talk, Respond to Each Other, Scientists Believe», *Sarasota Herald-Tribune*, 6 de junio de 1983, y «When Trees Talk», *New York Times*, 7 de junio de 1983.

8. Martin Heil y Juan Carlos Silva Bueno, «Within- Plant Signaling by Volatiles Leads to Induction and Priming of an Indirect Plant Defense in Nature», *Proceedings of the National Academy of Sciences of the United States of America* 104, 13 (2007), pp. 5467-5472.

9. Hwe-Su Yi *et al.*, «Airborne Induction and Priming of Plant Defenses Against a Bacterial Pathogen», *Plant Physiology* 151, 4 (2009), pp. 2152-2161.

10. Vladimir Shulaev, Paul Silverman e Ilya Raskin, «Airborne Signalling by Methyl Salicylate in Plant Pathogen Resistance», *Nature* 385, 6618 (1997), pp. 718-721.

11. Mirjana Seskar, Vladimir Shulaev e Ilya Raskin, «Endogenous Methyl Salicylate in Pathogen-Inoculated Tobacco Plants», *Plant Physiology* 116, 1 (1998), pp. 387-392.

12. Michael Pollan, *The Botany of Desire: A Plant's- Eye View of the World*, Nueva York, Random House, 2001. [Hay trad. cast.: *La botánica del deseo: el mundo visto a través de las plantas*, San Sebastián, Ixo Editorial, 2008.]

13. Shani Gelstein *et al.*, «Human Tears Contain a Chemosignal», *Science* 331, 6014 (2011), pp. 226-230.

3. ¿QUÉ SABOREAN LAS PLANTAS?

1. Jayakumar Bose *et al.*, «Low-pH and Aluminum Resistance in *Arabidopsis* Correlates with High Cytosolic Magnesium Content and Increased Magnesium Uptake by Plant Roots», *Plant and Cell Physiology* 54, 7 (2013).
2. Pierre Fourcroy *et al.*, «Involvement of the ABCG37 Transporter in Secretion of Scopoletin and Derivatives by *Arabidopsis* Roots in Response to Iron Deficiency», *New Phytologist* 201, (2014), pp. 155-167.
3. Julius von Sachs, *Vorlesungen über Pflanzen-Physiologie*, Leipzig, 1882. [Hay trad. inglés: H. Marshall Ward, *Lectures on the Physiology of Plants*, Oxford, Clarendon Press, 1887.]
4. Doron Shkolnik *et al.*, «Hydrotropism: Root Bending Does Not Require Auxin Redistribution», *Molecular Plant* 9, 5 (2016), pp. 757-759.
5. Jonathan Lynch, «Root Architecture and Plant Productivity», *Plant Physiology* 109 (1995), pp. 7-13.
6. Jinming Zhu, Kathleen M. Brown y Jonathan P. Lynch, «Root Cortical Aerenchyma Improves the Drought Tolerance of Maize (*Zea mays* L.)», *Plant, Cell & Environment* 33, 5 (2010), pp. 740-749.
7. V. Vadez *et al.*, «DREB1A Promotes Root Development in Deep Soil Layers and Increases Water Extraction Under Water Stress in Groundnut», *Plant Biology* 15, 1 (2013), pp. 45-52.
8. Omer Falik *et al.*, «Rumor Has It...: Relay Communication of Stress Cues in Plants», *PLoS One* 6, 11 (2011), p. e23625.
9. Omer Falik, Ishay Hoffmann y Ariel Novoplansky, «Say It with Flowers: Flowering Acceleration by Root Communication», *Plant Signaling & Behavior* 9, 4 (2014), p. e28258.
10. Bruce E. Mahall y Ragan M. Callaway, «Root Communication Among Desert Shrubs», *Proceedings of the National Academy of Sciences of the United States of America* 88, 3 (1991), pp. 874-876.
11. Michael Gruntman y Ariel Novoplansky, «Physiologically Mediated Self/Non-self Discrimination in Roots», *Proceedings of the National Academy of Sciences of the United States of America* 101, 11 (2004), pp. 3863-3867.
12. Véase: <www.fao.org/fileadmin/templates/wsfs/docs/Issues_papers/HLEF2050_Global_Agriculture.pdf>, acceso realizado el 1 de octubre de 2016.
13. Kristin Simons *et al.*, «Molecular Characterization of the Major Wheat Domestication Gene Q», *Genetics* 172, 1 (2006), pp. 547-555.
14. Zitong Gong *et al.*, «Origin and Development of Soil Science in Ancient China», *Geoderma* 115, 1-2 (2003), pp. 3-13; Michael Balter, «Researchers Discover First Use of Fertilizer», *Science*, 15 de julio de 2013.

4. ¿QUÉ NOTAN LAS PLANTAS?

1. Charles Darwin, *Insectivorous Plants*, Londres, John Murray, 1875, p. 286. [Hay trad. cast.: *Plantas insectívoras*, Madrid, Los Libros de la Catarata, 2008.]
2. Ibídem, p. 1.
3. Ibídem, p. 291.
4. John Burdon-Sanderson, «On the Electromotive Properties of the Leaf of *Dionaea* in the Excited and Unexcited States», *Philosophical Transactions of the Royal Society* 173 (1882), pp. 1-55.
5. Alexander G. Volkov, Tejumade Adesina y Emil Jovanov, «Closing of Venus Flytrap by Electrical Stimulation of Motor Cells», *Plant Signaling & Behavior* 2, 3 (2007), pp. 139-145.
6. Ibídem; Dieter Hodick y Andreas Sievers, «The Action Potential of *Dionaea muscipula* Ellis», *Planta* 174, 1 (1988), pp. 8-18.
7. Virginia A. Shepherd, «From Semi-conductors to the Rhythms of Sensitive Plants: The Research of J. C. Bose», *Cellular and Molecular Biology* 51, 7 (2005), pp. 607-619.
8. Subrata Dasgupta, «Jagadis Bose, Augustus Waller, and the Discovery of 'Vegetable Electricity'», *Notes and Records of the Royal Society of London* 52, 2 (1998), pp. 307-322.
9. Frank B. Salisbury, *The Flowering Process*, International Series of Monographs on Pure and Applied Biology, Division: Plant Physiology, Nueva York, Pergamon Press, 1963.
10. Mark J. Jaffe, «Thigmomorphogenesis: The Response of Plant Growth and Development to Mechanical Stimulation—with Special Reference to *Bryonia dioica*», *Planta* 114, 2 (1973), pp. 143-157.
11. Janet Braam y Ronald W. Davis, «Rain-Induced, Wind-Induced, and Touch-Induced Expression of Calmodulin and Calmodulin-Related Genes in Arabidopsis», *Cell* 60, 3 (1990), pp. 357-364.
12. Dennis Lee, Diana H. Polisensky y Janet Braam, «Genome-Wide Identification of Touch-and Darkness-Regulated Arabidopsis Genes: A Focus on Calmodulin-Like and *XTH* Genes», *New Phytologist* 165, 2 (2005), pp. 429-444.
13. David C. Wildon *et al.*, «Electrical Signaling and Systemic Proteinase-Inhibitor Induction in the Wounded Plant», *Nature* 360, 6399 (1992), pp. 62-65.
14. Seyed A. R. Mousavi *et al.*, «*GLUTAMATE RECEPTOR-LIKE* Genes Mediate Leaf-to-Leaf Wound Signalling», *Nature* 500 (2013), pp. 422-426.

5. ¿QUÉ OYEN LAS PLANTAS?

1. Por ejemplo: «Plants and Music», <www.miniscience.com/projects/plantmusic/index.html>.
2. Ross E. Koning, Science Projects on Music and Sound, página web de Plant Physiology Information, <http://plantphys.info/music.shtml>; <http://jrscience.wcp.muohio.edu/nsfall05/LabpacketArticles/Whichtypeofmusicbeststimu.html>.
3. Douglas Quenqua, «Noisy Predators Put Plants on Alert, Study Finds», *New York Times*, 1 de julio de 2014; Heidi Appel y Rex Cocroft, «Plants Respond to Leaf Vibrations Caused by Insect Herbivore Chewing», *Oecologia* 175, 4 (2104), pp. 1257-1266.
4. Hearing Impairment Information, <www.disabled-world.com/disability/types/hearing>.
5. Francis Darwin, ed., *Charles Darwin: His Life Told in an Autobiographical Chapter and in a Selected Series of His Published Letters*, Londres, John Murray, 1892.
6. Katherine Creath y Gary E. Schwartz, «Measuring Effects of Music, Noise, and Healing Energy Using a Seed Germination Bioassay», *Journal of Alternative and Complementary Medicine* 10, 1 (2004), 113-122.
7. Programa de investigación Veritas, <http://veritas.arizona.edu>.
8. Ray Hyman, «How Not to Test Mediums: Critiquing the Afterlife Experiments», <www.csicop.org/si/show/how_not_to_test_mediums_critiquing_the_afterlife_experiments>; Robert Todd Carroll, «Gary Schwartz's Subjective Evaluation of Mediums: *Veritas* or Wishful Thinking?», <http://skepdic.com/essays/gsandsv.html>.
9. Creath y Schwartz, «Measuring Effects of Music, Noise, and Healing Energy».
10. Dorothy L. Retallack, *The Sound of Music and Plants*, Santa Mónica, California, DeVorss, 1973.
11. Anthony Ripley, «Rock or Bach an Issue to Plants, Singer Says», *New York Times*, 21 de febrero de 1977.
12. Franklin Loehr, *The Power of Prayer on Plants*, Garden City, Nueva York, Doubleday, 1959.
13. Linda Chalker-Scott, «The Myth of Absolute Science: 'If It's Published, It Must Be True'», <www.puyallup.wsu.edu/~linda%20chalker-scott/horticultural%20myths_files/Myths/Bad%20science.pdf>.
14. Richard M. Klein y Pamela C. Edsall, «On the Reported Effects of Sound on the Growth of Plants», *Bioscience* 15, 2 (1965), pp. 125-126.

15. Ibídem.
16. Peter Tompkins y Christopher Bird, *The Secret Life of Plants*, Nueva York, Harper & Row, 1973. [Hay trad. cast.: *La vida secreta de las plantas*, Madrid, Capitán Swing, 2016.]
17. Arthur W. Galston, «The Unscientific Method», *Natural History* 83, 3 (1974), pp. 18, 21 y 24.
18. Janet Braam y Ronald W. Davis, «Rain-Induced, Wind-Induced, and Touch-Induced Expression of Calmodulin and Calmodulin-Related Genes in Arabidopsis», *Cell* 60, 3 (1990), pp. 357-364.
19. Peter Scott, *Physiology and Behaviour of Plants*, Hoboken, Nueva Jersey, John Wiley, 2008.
20. The Arabidopsis Genome Initiative, «Analysis of the Genome Sequence of the Flowering Plant *Arabidopsis thaliana*», *Nature* 408, 6814 (2000), pp. 796-815.
21. Alan M. Jones *et al.*, «The Impact of *Arabidopsis* on Human Health: Diversifying Our Portfolio», *Cell* 133, 6 (2008), pp. 939-943.
22. Daniel A. Chamovitz y Xing-Wang Deng, «The Novel Components of the Arabidopsis Light Signaling Pathway May Define a Group of General Developmental Regulators Shared by Both Animal and Plant Kingdoms», *Cell* 82, 3 (1995), pp. 353-354.
23. Kiyomi Abe *et al.*, «Inefficient Double-Strand DNA Break Repair Is Associated with Increased Fascination in *Arabidopsis* BRCA2 Mutants», *Journal of Experimental Botany* 70, 9 (2009), pp. 2751-2761.
24. Valera V. Peremyslov *et al.*, «Two Class XI Myosins Function in Organelle Trafficking and Root Hair Development in Arabidopsis», *Plant Physiology* 146, 3 (2008), pp. 1109-1116.
25. Theodosius Dobzhansky, «Biology, Molecular and Organismic», *American Zoologist* 4, 4 (1964), 443-452.
26. Monica Gagliano, Stefano Mancuso y Daniel Robert, «Towards Understanding Plant Bioacoustics», *Trends in Plant Science* 14, 6 (2012), pp. 323-325.
27. Monica Gagliano *et al.*, «Tuned In: Plant Roots Use Sound to Locate Water», *Oecologia* 184, 1 (2017), doi:10.1007/s00442-017-3862-z.
28. E. Gregory McPherson y Paula P. Peper, «Costs of Street Tree Damage to Infrastructure», *Arboricultural Journal* 20, 2 (1996).
29. L. Hadany, comunicación personal.
30. R. Ghosh *et al.*, «Exposure to Sound Vibrations Lead to Transcriptomic, Proteomic, and Hormonal Changes in Arabidopsis», *Scientific Reports* 6, artículo 33370 (2016).

31. Roman Zweifel y Fabienne Zeugin, «Ultrasonic Acoustic Emissions in Drought-Stressed Trees—More Than Signals from Cavitation?», *New Phytologist* 179, 4 (2008), pp. 1070-1079.

32. Extraído de Janet D. Stemwedel, «Drawing the Line Between Science and Pseudo-science», *Doing Good Science* (blog), *Scientific American*, 4 de octubre de 2011.

6. ¿CÓMO SABE UNA PLANTA DÓNDE ESTÁ?

1. Henri-Louis Duhamel du Monceau, *La physique des arbres où il est traité de l'anatomie des plantes et de l'économie végétale: Pour servir d'introduction au «Traité complet des bois & des forêts», avec une dissertation sur l'utilité des méthodes de botanique & une explication des termes propres à cette science & qui sont en usage pour l'exploitation des bois & des forêts*, París, H. L. Guérin & L. F. Delatour, 1758.

2. Thomas Andrew Knight, «On the Direction of the Radicle and Germen During the Vegetation of Seeds», *Philosophical Transactions of the Royal Society of London* 96 (1806), pp. 99-108.

3. Charles Darwin y Francis Darwin, *The Power of Movement in Plants*, Nueva York, D. Appleton, 1881. [Hay trad. cast.: *Los movimientos y hábitos de las plantas trepadoras*, Madrid, La Catarata, 2009.]

4. Ryuji Tsugeki y Nina V. Fedoroff, «Genetic Ablation of Root Cap Cells in *Arabidopsis*», *Proceedings of the National Academy of Sciences of the United States of America* 96, 22 (1999), pp. 12.941-12.946.

5. Miyo Terao Morita, «Directional Gravity Sensing in Gravitropism», *Annual Review of Plant Biology* 61 (2010), pp. 705-720.

6. Joanna W. Wysocka-Diller *et al.*, «Molecular Analysis of SCARECROW Function Reveals a Radial Patterning Mechanism Common to Root and Shoot», *Development* 127, 3 (2000), pp. 595-603.

7. Daisuke Kitazawa *et al.*, «Shoot Circumnutation and Winding Movements Require Gravisensing Cells», *Proceedings of the National Academy of Sciences of the United States of America* 102, 51 (2005), pp. 18.742-18.747.

8. Wysocka-Diller *et al.*, «Molecular Analysis of SCARECROW Function».

9. Sean E. Weise *et al.*, «Curvature in *Arabidopsis* Inflorescence Stems Is Limited to the Region of Amyloplast Displacement», *Plant and Cell Physiology* 41, 6 (2000), pp. 702-709.

10. John Z. Kiss, W. Jira Katembe y Richard E. Edelmann, «Gravitropism and Development of Wild- Type and Starch-Deficient

Mutants of Arabidopsis During Spaceflight», *Physiologia Plantarum* 102, 4 (1998), pp. 493-502.

11. Peter Boysen-Jensen, «Über die Leitung des phototropischen Reizes in der Avenakoleoptile», *Berichte des Deutschen Botanischen Gesellschaft* 31 (1913), pp. 559-566.

12. Maria Stolarz *et al.*, «Disturbances of Stem Circumnutations Evoked by Wound-Induced Variation Potentials in *Helianthus annuus* L.», *Cellular & Molecular Biology Letters* 8, 1 (2003), pp. 31-40.

13. Anders Johnsson y Donald Israelsson, «Application of a Theory for Circumnutations to Geotropic Movements», *Physiologia Plantarum* 21, 2 (1968), pp. 282-291.

14. Allan H. Brown *et al.*, «Circumnutations of Sunflower Hypocotyls in Satellite Orbit», *Plant Physiology* 94 (1990), pp. 233-238.

15. John Z. Kiss, «Up, Down, and All Around: How Plants Sense and Respond to Environmental Stimuli», *Proceedings of the National Academy of Sciences of the United States of America* 103, 4 (2006), pp. 829-830.

16. Kitazawa *et al.*, «Shoot Circumnutation and Winding Movements Require Gravisensing Cells».

17. Anders Johnsson, Bjarte Gees Solheim y Tor-Henning Iversen, «Gravity Amplifies and Microgravity Decreases Circumnutations in *Arabidopsis thaliana* Stems: Results from a Space Experiment», *New Phytologist* 182, 3 (2009), pp. 621-629.

7. ¿QUÉ RECUERDA UNA PLANTA?

1. Mark J. Jaffe, «Experimental Separation of Sensory and Motor Functions in Pea Tendrils», *Science* 195, 4274 (1977), pp. 191-192.

2. Endel Tulving, «How Many Memory Systems Are There?», *American Psychologist* 40, 4 (1985), pp. 385-398. Si bien los modelos de memoria de Tulving cuentan con amplio reconocimiento, no deben aceptarse como monolíticos, puesto que dentro del campo de la memoria conviven numerosos modelos y teorías y no todos son mutuamente excluyentes.

3. Fatima Cvrckova, Helena Lipavska y Viktor Zarsky, «Plant Intelligence: Why, Why Not, or Where?», *Plant Signaling & Behavior* 4, 5 (2009), pp. 394-399.

4. Todd C. Sacktor, «How Does PKMz Maintain Long-Term Memory?», *Nature Reviews Neuroscience* 12, 1 (2011), pp. 9-15.

5. John S. Burdon-Sanderson, «On the Electromotive Properties of the Leaf of *Dionaea* in the Excited and Unexcited States», *Philosophical Transactions of the Royal Society of London* 173 (1882), pp. 1-55.

6. Dieter Hodick y Andreas Sievers, «The Action Potential of *Dionaea muscipula* Ellis», *Planta* 174, 1 (1988), pp. 8-18.

7. Alexander G. Volkov, Tejumade Adesina y Emil Jovanov, «Closing of Venus Flytrap by Electrical Stimulation of Motor Cells», *Plant Signaling & Behavior* 2, 3 (2007), pp. 139-145.

8. Ibídem.

9. Rudolf Dostál, *On Integration in Plants*, Cambridge, Massachusetts, Harvard University Press, 1967.

10. Descrito en Anthony Trewavas, «Aspects of Plant Intelligence», *Annals of Botany* 92, 1 (2003), pp. 1-20.

11. Michel Thellier *et al.*, «Long-Distance Transport, Storage, and Recall of Morphogenetic Information in Plants: The Existence of a Sort of Primitive Plant 'Memory'», *Comptes Rendus de l'Académie des Sciences, Série III* 323, 1 (2000), pp. 81-91.

12. E. W. Caspari y R. E. Marshak, «The Rise and Fall of Lysenko», *Science* 149, 3681 (1965), pp. 275-278.

13. Ibídem.

14. John H. Klippart, *Ohio State Board of Agriculture Annual Report* 12 (1857), pp. 562-816.

15. Ruth Bastow *et al.*, «Vernalization Requires Epigenetic Silencing of *FLC* by Histone Methylation», *Nature* 427, 6970 (2004), pp. 164-167; Yuehui He, Mark R. Doyle y Richard M. Amasino, «PAF1-Complex-Mediated Histone Methylation of *Flowering Locus C* Chromatin Is Required for the Vernalization-Responsive, Winter-Annual Habit in *Arabidopsis*», *Genes & Development* 18, 22 (2004), pp. 2774-2784.

16. Pedro Crevillén *et al.*, «Epigenetic Reprogramming That Prevents Transgenerational Inheritance of the Vernalized State», *Nature* 515, 7528 (2014), pp. 587-590.

17. Pedro Crevillén y Caroline Dean, «Regulation of the Floral Repressor Gene *FLC*: The Complexity of Transcription in a Chromatin Context», *Current Opinion in Plant Biology* 14, 1 (2011), pp. 38-44.

18. Jean Molinier *et al.*, «Transgeneration Memory of Stress in Plants», *Nature* 442, 7106 (2006), pp. 1046-1049.

19. Alex Boyko *et al.*, «Transgenerational Adaptation of *Arabidopsis* to Stress Requires DNA Methylation and the Function of Dicer-Like Proteins», *PLoS One* 5, 3 (2010), e9514.

20. Ales Pecinka *et al.*, «Transgenerational Stress Memory Is Not a General Response in Arabidopsis», *PLoS One* 4, 4 (2009), e5202.

21. Sergio Rasmann *et al.*, «Herbivory in the Previous Generation Primes Plants for Enhanced Insect Resistance», *Plant Physiology* 158, 2 (2012), pp. 854-863, <http://doi.org/10.1104/pp.111.187831>.

22. Eva Jablonka y Gal Raz, «Transgenerational Epigenetic Inheritance: Prevalence, Mechanisms, and Implications for the Study of Heredity and Evolution», *Quarterly Review of Biology* 84, 2 (2009), pp. 131-176; Faculty of 1000, evaluaciones, disentimientos y comentarios sobre Molinier *et al.*, «Transgeneration Memory of Stress in Plants», Faculty of 1000, 19 de septiembre de 2006, F1000.com/1033756; Ki-Hyeon Seong *et al.*, «Inheritance of Stress-Induced, ATF-2-Dependent Epigenetic Change», *Cell* 145, 7 (2011), pp. 1049-1061.

23. Peter A. Crisp *et al.*, «Reconsidering Plant Memory: Intersections Between Stress Recovery, RNA Turnover, and Epigenetics», *Science Advances* 2, 2 (2016), p. e1501340.

24. Tia Ghose, «How Stress Is Inherited», *Scientist* (2011), <https://www.the-scientist.com/news-opinion/how-stress-is-inherited-42248>.

25. Eric D. Brenner *et al.*, «Arabidopsis Mutants Resistant to S(+)-Beta-Methyl-Alpha, Beta-Diaminopropionic Acid, a Cycad-Derived Glutamate Receptor Agonist», *Plant Physiology* 124, 4 (2000), pp. 1615-1624; Hon Ming Lam *et al.*, «Glutamate-Receptor Genes in Plants», *Nature* 396, 6707 (1998), pp. 125-126.

26. Erwan Michard *et al.*, «Glutamate Receptor-Like Genes Form Ca2+ Channels in Pollen Tubes and Are Regulated by Pistil D-Serine», *Science* 332, 434 (2011).

27. Tulving, «How Many Memory Systems Are There?»

28. Cvrckova, Lipavska y Zarsky, «Plant Intelligence».

EPÍLOGO: LA PLANTA CONSCIENTE

1. Alfred Binet, Théodore Simon y Clara Harrison Town, *A Method of Measuring the Development of the Intelligence of Young Children*, Lincoln, Ill, Courier, 1912; Howard Gardner, *Intelligence Reframed: Multiple Intelligences for the 21st Century*, Nueva York: Basic Books, 1999. [Hay trad. cast.: *La inteligencia reformulada : las inteligencias múltiples en el siglo XXI*, Barcelona, Paidós Ibérica, 2003.] Stephen Greenspan y Harvey N. Switzky, «Intelligence Involves Risk-Awareness and Intellectual Disability Involves Risk-Unawareness: Implications of a Theory of

Common Sense», *Journal of Intellectual and Developmental Disability* 36, 4 (2011); Robert J. Sternberg, *The Triarchic Mind: A New Theory of Human Intelligence*, Nueva York, Viking, 1988.

2. Reuven Feuerstein, «The Theory of Structural Modifiability», en: Barbara Z. Presseisen, ed., *Learning and Thinking Styles: Classroom Interaction*, Washington, D.C., NEA Professional Library, National Education Association, 1990; Reuven Feuerstein, Refael S. Feuerstein y Louis H. Falik, *Beyond Smarter: Mediated Learning and the Brain's Capacity for Change*, Nueva York, Teachers College Press, 2010; Binyamin Hochner, «Octopuses», *Current Biology* 18, 19 (2008), R897-R898; Britt Anderson, «The G Factor in Nonhuman Animals», *Novartis Foundation Symposium* 233 (2000), pp. 79-90, análisis de las pp. 90-95.

3. William Lauder Lindsay, «Mind in Plants», *British Journal of Psychiatry* 21 (1876), pp. 513-532.

4. Anthony Trewavas, «Aspects of Plant Intelligence», *Annals of Botany* 92, 1 (2003), pp. 1-20.

5. Frantiöek Baluöka, Simcha Lev-Yadun y Stefano Mancuso, «Swarm Intelligence in Plant Roots», *Trends in Ecology and Evolution* 25, 12 (2010), pp. 682-683; Frantiöek Baluöka *et al.*, «The 'Root-Brain' Hypothesis of Charles and Francis Darwin: Revival After More Than 125 Years», *Plant Signaling & Behavior* 4, 12 (2009), pp. 1121-1127; Elisa Masi *et al.*, «Spatiotemporal Dynamics of the Electrical Network Activity in the Root Apex», *Proceedings of the National Academy of Sciences of the United States of America* 106, 10 (2009), pp. 4048-4053.

6. John J. Bonica, «Need of a Taxonomy», *Pain* 6, 3 (1979), pp. 247-252.

7. Michael C. Lee e Irene Tracey, «Unravelling the Mystery of Pain, Suffering, and Relief with Brain Imaging», *Current Pain and Headache Reports* 14, 2 (2010), pp. 124-131.

8. Alison Abbott, «Swiss 'Dignity' Law Is Threat to Plant Biology», *Nature* 452, 7190 (2008), p. 919.

Créditos de las ilustraciones

Pág. 21: Amédée Masclef, *Atlas des plantes de France*, París, Klincksieck, 1891.

Pág. 22: Varda Wexler.

Pág. 24: Ernst Gilg y Karl Schumann, *Das Pflanzenreich*, Hausschatz des Wissens, Neudamm, Neumann, ca. 1900.

Pág. 30: USDA-NRCS PLANTS Database / Nathaniel Lord Britton y Addison Brown, *An Illustrated Flora of the Northern United States, Canada, and the British Possessions*, 3 vol., Nueva York, Charles Scribner's Sons, 1913, 2:176.

Pág. 43: USDA-NRCS PLANTS Database / Nathaniel Lord Britton y Addison Brown, *An Illustrated Flora of the Northern United States, Canada, and the British Possessions*, 3 vol., Nueva York: Charles Scribner's Sons, 1913, 3:49.

Pág. 46: Otto Wilhelm Thomé, Flora von Deutschland, Österreich, und der Schweiz, Gera, Köhler, 1885.

Pág. 47: Walter Hood Fitch, *Illustrations of the British Flora*, Londres, Reeve, 1924.

Pág. 50: Francisco Manuel Blanco, *Flora de Filipinas* [Atlas II], Manila Plana, 1880-1883.

Pág. 51: Modificación a partir de las figuras 2 y 3, en Martin Heil y Juan Carlos Silva Bueno, «Within-Plant Signaling by Volatiles Leads to Induction and Priming of an Indirect Plant Defense in Nature», *Proceedings of the National Academy of Sciences of the United States of America* 104, 13 (2007), pp. 5467-5472. © de 2007: National Academy of Sciences, Estados Unidos.

Pág. 56: Ilustración realizada a partir de una fotografía de *Amorphophallus titanum* publicada en Wilhelma de Lothar Grünz, 2005.

Pág. 67: Amédée Masclef, *Atlas des plantes de France*, 1891.

Pág. 68: Adaptación del autor de un original proporcionado por el profesor Ariel Novoplansky.

Pág. 71: USDA-NRCS PLANTS Database / Nathaniel Lord Britton y Addison Brown, *An Illustrated Flora of the Northern United States, Canada, and the British Possessions*, 3 vol., Nueva York, Charles Scribner's Sons, 1913, 1:231.

Pág. 81: USDA-NRCS PLANTS Database, <http://plants.usda.gov>, acceso realizado el 25 de agosto de 2011, National Plant Data Team, Greensboro, N.C., 27401-4901 Estados Unidos.

Pág. 84: Tomada de la figura 12 del libro de Charles Darwin *Insectivorous Plants*, Londres, John Murray, 1875.

Pág. 89: Paul Hermann Wilhelm Taubert, *Natürliche Pflanzenfamilien*, Leipzig, Engelmann, 1891, 3:3.

Pág. 91: USDA-NRCS PLANTS Database / Nathaniel Lord Britton y Addison Brown, *An Illustrated Flora of the Northern United States, Canada, and the British Possessions*, 3 vol., Nueva York, Charles Scribner's Sons, 1913, 3:345.

Pág. 97: USDA-NRCS PLANTS Database / Nathaniel Lord Britton y Addison Brown, *An Illustrated Flora of the Northern United States, Canada, and the British Possessions*, 3 vol., Nueva York, Charles Scribner's Sons, 1913, 3:168.

Pág. 107: George Crouter, en Dorothy L. Retallack, *The Sound of Music and Plants*, Santa Monica, California, DeVorss, 1973, p. 6.

Pág. 109: Francisco Manuel Blanco, *Flora de Filipinas*, libro 4, Manila, Plana, 1880-1883.

Pág. 112: Otto Wilhelm Thomé, *Flora von Deutschland, Österreich, und der Schweiz*, Gera, Köhler, 1885.

Pág. 121: USDA-NRCS PLANTS Database / Nathaniel Lord Britton y Addison Brown, *An Illustrated Flora of the Northern United States, Canada, and the British Possessions*, 3 vol., Nueva York, Charles Scribner's Sons, 1913, 2:601.

Pág. 130: Varda Wexler.

Pág. 132: Tomada de la figura 196 de Charles Darwin y Francis Darwin, *The Power of Movement in Plants*, Nueva York, D. Appleton, 1881.

Pág. 136: Walter Hood Fitch, *Curtis's Botanical Magazine*, vol. 94, ser. 3, n.º 24, 1868, lámina 5720.

Pág. 140: USDA-NRCS PLANTS Database / A. S. Hitchcock, revisado por Agnes Chase, *Manual of the Grasses of the United States*, USDA Miscellaneous Publication n.º 200, Washington, D. C., U. S. Government Printing Office, 1950.

Pág. 142: Tomada de la figura 6 de Charles Darwin y Francis Darwin, *The Power of Movement in Plants*, Nueva York, D. Appleton, 1881.

Pág. 143: USDA-NRCS PLANTS Database / USDA Natural Resources Conservation Service, *Wetland Flora: Field Office Illustrated Guide to Plant Species*.

Pág. 157: Varda Wexler.

Pág. 157: USDA-NRCS PLANTS Database / Nathaniel Lord Britton y Addison Brown, *An Illustrated Flora of the Northern United States, Canada, and the British Possessions*, 3 vol., Nueva York, Charles Scribner's Sons, 1913, 2:436.

Pág. 159: USDA-NRCS PLANTS Database / Nathaniel Lord Britton y Addison Brown, *An Illustrated Flora of the Northern United States, Canada, and the British Possessions*, 3 vol., Nueva York, Charles Scribner's Sons, 1913, 3:497.

Pág. 161: USDA-NRCS PLANTS Database / A. S. Hitchcock, revisado por Agnes Chase, *Manual of the Grasses of the United States*, USDA Miscellaneous Publication, n.º 200, Washington, D. C., U. S. Government Printing Office, 1950.

Índice alfabético

Los números de página en *cursiva* remiten a ilustraciones.

abejas, 119-121
Abuela Sauce, 150
Academia de Ciencias de Francia, 158
acetato de cis-3-hexenilo, 45
ácidos:
   cítrico, 59
   jasmónico, 55n, 98, 167
   nítrico, 75
   salicílico, 53-55
«Afternoon on a Hill» (Millay), 79
Age, The, 48
adecuación a la comunidad, 69
ADN, 12-13, 29, 89, 93-94, 113-115, 134, 163 y n, 164-166
   de la arabidopsis, 28, 113-115
   no codificable, 113-114
   nucleótidos, 113
   y epigenética, 163
   véase también genes, genética
Agencia Japonesa de Exploración Aeroespacial, 145
agricultura, 72-78
   diversidad de cultivos, 77-78
   en la Unión Soviética, 160
   ingeniería genética, 114
   irrigación, 74, 76
   ondas sonoras, 123
   precisión, 77
   primera revolución, 73
   rasgos genéticos, 74-75, 77
   revolución verde, 76-77
   segunda revolución, 74
   tercera revolución, 77
   uso de estiércol, 74-75
   uso de fertilizantes, 62, 73-78
agua, 64-66, 135
   absorción por parte de las raíces, 64-65
   competencia por el agua, 70-72
   crecimiento de las raíces hacia el agua, 119
   crecimiento hacia el agua, 65
   en la fotosíntesis, 61, 64
   en movimiento, 64, 89
   en protoplastos, 89
   gotas en los niveles de suelo de, 65
   irrigación, 74-76

reparto, 61
sequía, 41, 65-69, 122, 149, 175
sonido, 119
y estomas, 66-70
y marchitamiento, 64, 90
y pelos radiculares, 116-117
y sudor, 64, 67
y xilema, 62-64, 122, 135
aguacates, 39
álamo, 46
álamo blanco (*Populus alba*), 37
algas, 32n
y fertilizante, 77
algodón, 11, 44, 89, 114
aliso, 48
Allard, Harry A., 24
alpiste (*Phalaris canariensis*), 21, *21*
amargo, sabor, 60
Ambrosia, 70-72
amiloplastos, 137n
amoníaco, 75
amor seco (*Bidens pilosa*), 158, *159*
Amorphophallus titanum (flor cadáver), 55, *56*
analgésicos, 83
aspirina, 11, 53-54
antropomorfismo, 48, 72, 175-176
aparato digestivo, 63
arabidopsis (*Arabidopsis thaliana*), 29, *30*, 30 y n, 62, 92-93, 95, 98, 113-117, 122, 133-134 y n, 142, 144-147, 162-163, 166-169
ecotipos, 162-163
en el espacio, 144-147
genes, 29, 113-117
gravitropismo, 133-134, 145-146
luz, 29-30
memoria, 167-168
movimiento, 139-140
mutaciones, 133-134, 145

receptores de glutamato, 169
sonido, 121-122
tacto, 92-94, 96, 99
y frío, 162-163
«árboles parlantes», idea de los, 45, 48
arce azucarero, plántulas, 46
arcoíris, 18
ARN, 163n, 167
aromas, *véase* olores
arroz, 74-75, 77
cepas enanas, 75-76
artemisa, 48
artrópodos, 49 y n
Asociación Internacional para el Estudio del Dolor, 175
aspirina, 11, 53-54
atracciones de parques de diversiones, 128
auxina, 65, 139, 159
avena (*Avena sativa*), 139, *140*
Avena sativa (avena), 139, *140*
azaleas, 164
azúcares, 31, 41-42, 61, 63-64
manitol, 67-68

bacterias, 35, 52-54
Bae, Hanhong, 121
Baldwin, Ian, 46-48 y n, 49, 66, 98, 108
Baluöka, Frantiöek, 172
bardana común (*Xanthium strumarium*), 90-91, *91*
Baryshnikov, Mijaíl, 140-141
Bash, Matsuo, 101
bayas, 41
Benfey, Phil, 135
Ben-Gurion, Universidad, 66
beta-mirceno, 44-45
Bidens pilosa (amor seco), 158, *159*
Binet, Alfred, 171

biología:
  biología compartida entre humanos y plantas, 13, 176-177
  neurobiología vegetal, uso del término, 172-173
  velocidad de descubrimientos científicos en el reino vegetal, 11-13
Biosatellite III, 144
Bird, Christopher y Peter Tompkins, *La vida secreta de las plantas*, 14, 110 y n, 111
Bonham, John, 107
Borlaug, Norman, 76
boro, 61
Borthwick, Harry, 26
Bosch, Carl, 75
Bose, Jagadish Chandra, 88
botánica, porcentaje de descubrimientos científicos relativos a la, 11, 14
Bouteloua dactyloides (zacate o hierba búfalo), 71, 72
Bowles, Dianna, 96-98
Boyce Thompson Institute, 40
Boysen-Jensen, Peter, 139
Braam, Janet, 93-95, 111-112
Brassica oleracea (col), 141, *142*, 144
BRCA, genes, 115-116
Broman, Francis, *107*
brotes laterales, 156, *157*, 158-159
Brown, Allan H., 144-146
Burdon-Sanderson, John, 86-88, 153
Butler, Warren L., 27

cabellos de capuchino (*Cuscuta pentagona*), 41-42, *43*, 43-45, 53, 57, 59, 126, 138-139, 147
calabacín, 105
calcio, 61, 82, 90, 94-95, 98-99, 154-155
  y movimiento, 94-95
  y proteína, 93-96
Callaway, Ragan, 70
calmodulina, 95, 99
calorías, 60
campanilla o ipomea, *136*, 145
  Pharbitis nil, *136*
  Shidareasagao,135
cáncer, 11, 13, 29, 115-116
  de mama, 115-116
canola, 69 y n
capsaicina, 96
caracteres:
  adaptativos, 160
  adquiridos, 166
carbohidratos, 61, 75
categorías de sabores, 59-60
cebada, 25, 48
ceguera:
  en las plantas, 28-29, 133-134
  en los humanos, 18, 20
  en los topos, 201
células:
  madre, 116, 164
  vegetales, 89-90, 94, *136*, 169
Centro de Investigación y Estudios Avanzados, 49
cepas enanas, 75-76
cereales, 76
  véase también arroz; maíz; trigo
cerebro, 13-14
  audición, 103
  comparado con las raíces, 172
  comunicaciones neuronales, 81, 90, 154, 169
  dolor, 175
  gusto, 59-60
  lóbulo frontal, 175
  memoria, 151, 168

olfato, 37-39, 56-57
  posición en el cuerpo, 128
  sufrimiento, 175
  tacto, 80-83, 96
  vista, 17-20, 32
cerezos, 13, 162
CFTR, genes, 115
chaparral o gobernadora (*Larrea mexicana*), 70
ciclos menstruales, 57
cilindro vascular, 63
cilios, 84, 87
cinc, 61
circumnutación, 141-142, 144-147
cítricos, 39
clorofila, 41, 61, 137n
cloroplastos, 137n
cloruro, 115
cobre, 61
col (*Brassica oleracea*), 141, *142*, 144
color:
  percepción humana, 18-20
  percepción vegetal, 25-31
Colorado State University, 91
Columbia, 145-146
compuestos volátiles, 44, 53-54, 56-57, 173
comunicación:
  «advertencias» acerca de los peligros ambientales, 45-54, 66, 98
  audición, 117-118
  compuestos químicos implicados, 45-54, 66, 98, 108-109
  entre raíces, 69
  idea de los «árboles parlantes», 45, 48
  intención, 69
  reacciones electroquímicas, 98-99, 169
  y olor, 45-55
  y sequía, 66-70
  comunicaciones neuronales, 81, 90, 154, 169
conciencia, 169-170, 173-177
  anoética, 170
  autonoética, 170
  dinámica, 128
  estática, 128
  noética, 170
  propia, 151
  tras la muerte, 104-105
conductos semicirculares, 127
Consejo de Agricultura de Ohio, 162
Constitución Federal Suiza, 176n
controles de alcoholemia, 126
coordinación entre manos y ojos, 127
COP9, signalosoma, 114
corcho, 13
Cornell University, 40, 167
cotiledones, 156, *157*, 158-159
Creath, Katherine, 104, 105 y n, 106
crecimiento:
  hacia el agua, 65
  y tacto, 80, 91-93, 111-112
  véase también movimiento
criptocromos, 28, 30n, 33 y n, 34-35
crisantemos, 25-26
cromosomas, 114, 164
cromatografía de gases acoplada a espectrometría de masas, 49
CSI, 49
cumarina, 62
curvatura, *véase* movimiento
Cuscuta pentagona (cabellos de capuchino), 41-42, *43*, 43-45, 53, 57, 59, 126, 138-139, 147

Dartmouth College, 46
Darwin, Charles, 13, 20, 104, 141
　El origen de las especies, 20
　estudio del movimiento de las plantas, 140-142, *142*, 143-147
　estudios de fototropismo, 20, 22-23, 27, 33, 65, 131, 138-139, 143
　estudios de gravitropismo, 131-132, *132*, 133-135
　estudios de la Venus atrapamoscas, 85
　experimento con música, 104
　Los movimientos y hábitos de las plantas trepadoras, 20, 129, 172
　Plantas insectívoras, 85
Darwin, Francis, 20-23, 131-134
Davy Faraday Research Laboratory, 88
De Moraes, Consuelo, 43-44
delfines, 118
Denny, Frank E., 39
Departamento de Agricultura de Estados Unidos, 24, 26, 39, 42
dependencia humana de las plantas, 11-12, 89
despolarización, 81-82, 87
Día de la Madre, 26
dignidad, 176 y n
Dionaea muscipula, véase Venus atrapamoscas
dióxido de carbono, 31, 61, 67
discos de Merkel, 96
Dobzhansky, Theodosius, 117
dolor, 83, 96, 175
　definición, 175
　subjetividad, 96
　y cerebro, 175
　y sufrimiento, 175
domesticación de las plantas, 74
　véase también agricultura

Dostál, Rudolf, 156, 158
Drosera rotundifolia (rocío de sol), 85
Duhamel du Monceau, Henri-Louis, 129, 131, 133

ebriedad, 126-127
Edsall, Pamela, 109-110
efecto placebo, 105
ego, 174
El origen de las especies (Darwin), 20
electrones, 61
elefantes, 103n, 118
embriaguez, 126
emociones, 174-175
　y olfato, 57
　y tacto, 80, 96-97
endodermis, 63
　y gravitropismo, 135-137, 145
energía sanadora, 105
enredaderas y zarcillos, 41, 43, 51, *51*, 55, 80, 126, 147, 150-151, 168
envejecimiento, 41
epigenética, 163 y n, 164-165, 167-169
equilibrio, 64, 127-128, 138, 140, 147-148, 168
escarabajos, 49-50, *51*, 84
Escuela de Ciencias Botánicas y Seguridad Alimentaria, 65
Estación Espacial Internacional, 146
estaciones, 118
　invierno, 160-165
　otoño, 31, 41
　primavera, 31
estatolitos, 136-137 y n, 138, 143-145, 147 y n
esterocilios, 102-103
estiércol, 74-75

estímulo y reacción, 158
estomas, 55, 67-69
etileno, 40-41, 57
ácido jasmónico, 55n, 98, 167
giberelina, 93
evolución, 13, 69, 117, 173, 177
de los «receptores cerebrales» en las plantas, 169
de los sistemas visuales, 31-35
e inteligencia, 171-172
y audición, 117-119
y retraso del crecimiento en reacción al tacto, 92
experimento de raíces divididas, 66-68, *68*, 69-70

Farmer, Ted, 98
Feijó, José, 169
felicidad, 174-175
feromonas, 45, 57
fertilizantes, 62, 73-78
fibrosis quística, 115
fitocromos, 27-28, 30 y n, 31-32
FLC, gen, 163-165
flor cadáver (*Amorphophallus titanum*), 55, *56*
flores, florecimiento, 75
  de plantas de día corto, 26
  de plantas de día largo, 26-27, 69
  tabiques celulares, 90
  y comunicación entre raíces, 69
  y vernalización, 161-163
fosfato, 75, 77
fósforo, 61, 83
fotografía *time-lapse*, 141
fotoperiodicidad, 25, 28
fotopsinas, 19-20, 28
fotorreceptores, 35
  en las plantas, 27-32, 133-134
  en los ojos, 19-20, 28, 32, 38

fotosíntesis, 60-61, 94
  en la Venus atrapamoscas, 84
  y agua, 61, 64
  y estomas, 67-68
  y luz, 21, 31, 34, 41, 84, 94
fototropina, 28, 30n
fototropismo, 20, 22-23, 27, 33, 65, 131, 138-139, 143
  estudios de Darwin, 20-22, *22*, 23, 27-28, 32, 131, 133, 138-139
  y los «ojos» de las plantas, 20-22, *22*, 23, 27-28, 32
fresas, 141
frío, 159-165
Fromm, Hillel, 65
fruta, 39-41, 55, 75
  maduración, 39-41
fuerza centrífuga, 130
función cardíaca, 82-83

Gagliano, Monica, 119, 122
Galston, Arthur, 14, 111
Gane, Richard, 40
Gardner, Howard, 171
Garner, Wightman W., 24
genes, genética, 93-94, 137, 177
  BRCA, 115-116
  CFTR, 115
  de la arabidopsis, 29, 113-117
  definición, 114n
  en la agricultura, 74-75, 77
  en plantas y animales, 11-13
  enfermedades y discapacidades relacionados con los genes, 13, 114-117
  FLC, 163-165
  humanos, 213-217
  ingeniería genética, 114
  inhibidores de la proteinasa, 97

mutaciones, 115-117, 163-164, 166
«saltarines», 13
scarecrow, 134 y n, 135
similitudes entre plantas y humanos, 12, 114-117, 173-174, 177
TCH, 93-95, 111
variaciones provocadas por el estrés, 165-168
y caracteres adaptativos, 160
y descubrimientos de la biología derivados de la investigación en plantas, 13
y epigenética, 162-168
y Lysenko, 159-162
y Mendel, 13, 159-160
y proteína, 94
y sonido, 121-122
y sordera, 113, 116-117, 172
y tacto, 93-95, 110-112
y vernalización, 161-163
y visión en las plantas, 28-31
giberelina, 93
girasol (*Helianthus annuus*), 142, *143*, 145
glóbulos, 61
gravitropismo, 65, 129, 133, 134 y n, 135, 143, 145, 147
estudios de Darwin, 131-132, *132*, 133-135
estudios de Knight, 129-130, *130*, 133, 146
negativo, en el crecimiento ascendente de los brotes, 129, 133-135, 173
positivo, en el crecimiento descendente de las raíces, 125, 129-139, 173
y arabidopsis, 133-135, 145-147
y auxina, 138-139
y circumnutación, 140-147
y condiciones de ingravidez, 138, 146
y endodermis, 135-137
y estatolitos, 136-137 y n, 138, 143-145, 147 y n
y mutantes, 133-135, 145
y reorientación, 125-126, 129, 131, 143-144
Gressel, Jonathan, 33n
Grogan, John, 176
guindillas, 96
gusto, sentido del, 59-78
en las raíces, 60-65, 69
en los seres humanos, 59-60
mecanismo de cerradura y llave, 60
receptores gustativos, 60
sabores, 59-60
y agricultura, *véase* agricultura
y cerebro, 60
y nervios, 60
y nutrición, 60-62
y olfato, 54, 59-60

Haber, Fritz, 75
Hadany, Lilach, 118, 120
hambre e inanición, 73, 76
Heil, Martin, 49-51, *51*, 52-55, 57
Helianthus annuus (girasol), 142, *143*, 145
hemoglobina, 61
Hendrix, Jimi, 107-108
hierba, 64
hierba búfalo (*Bouteloua dactyloides*), *71*, 72
hierro, 61-62
higos, 39-40
Hipócrates, 53
histonas, 163n, 164-165
Hodick, Dieter, 153

Hohn, Barbara, 165-167
hojas:
   estomas, 55, 67-69
   fotosíntesis de las hojas, *véase* fotosíntesis
   manchas blancas, 54
   movimiento de las hojas, *véase* movimiento
   pecíolo, 97-98
   senescencia 41
   tabiques celulares de las hojas, 89-90
   y xilema, 62-64, 122, 135
hongos, 35
Hooke, Robert, 13
hormonas, 93
   auxina, 65, 138-139, 159
   defensa, 98-99
humo, 40

ibuprofeno, 83
id, 174
India, 76-77, 88, 109
infecciones víricas, 54
inflamación, 95
inhibidores de la proteinasa, 97-98
insectos:
   «advertencias» acerca de la presencia de insectos, 45-48, 50-53
   atracción de artrópodos insectívoros, 48
   mecanismos similares a los nervios para el tacto, 98-99
   sonidos, 118-122
   vibraciones, 102
   y Venus atrapamoscas, 79-80, 83-87, 153-155
Instituto de Tecnología de Lund, 143

Instituto Max Planck de Ecología Química 48n, 49
Instituto Weizmann, 33n
inteligencia, 171-173, 177
   definición, 171, 173
   y evolución, 171-172
   interacciones humanas con las plantas, 79, 173-174, 176-177
   intoxicación, 126-127
   invierno, 160-165
Ipomoea nil, 135
irrigación, 74, 76
Israelsson, Donald, 143-144

Jaffe, Mark, 91, 150-151
Jander, Georg, 167
Jardín Botánico de Nueva York, 109
jasmonato de metilo, 53, 55n
jet lag, 34
Johnsson, Anders, 143-144, 146
Journal of Alternative and Complementary Medicine, The, 104
judía de Lima (*Phaseolus lunatus*), 45, 49, *50*, 50, 52
judías, 29, 130-132, 141
   experimentos de Darwin, 131-132, *132*

Kennedy, Diana, 59
keroseno, 39-40
Kiss, John, 137-138
Klein, Richard, 109-110
Knight, Thomas Andrew, 129-130, *130*, 133, 146
Koornneef, Maarten, 28-29, 133
Kovalchuk, Igor, 167

La vida secreta de las plantas (Tompkins y Bird), 14, 110 y, 111
Lamarck, Jean-Baptiste, 160, 166

Larrea mexicana (chaparral o gobernadora), 70
lechuga, 13, 162
Led Zeppelin, 107-108, 113
lengua, 54, 57, 59-60, 78, 149
líber, 42, 63
ligamento cruzado anterior (ACL), 128
limoneno, 59
limones, 40, 59
Lindsay, William Lauder, 171
lino (*Linum usitatissimum*), 156, *157*
Linum usitatissimum (lino), 156, *157*
lirios, 25-27
lluvia, 86, 92
loros, 176
Los Angeles Times, 48
Los movimientos y hábitos de las plantas trepadoras (Darwin), 20, 129, 172
luz, 114, 138, 147, 173
    curvatura de las plantas hacia la luz, *véase* fototropismo
    en la fotosíntesis, 21, 31, 34, 41, 84, 94
    evolución de la percepción de la luz, 31-35
    genes en la percepción de la luz, 12
    luz roja extrema, 26-28
    prolongación de las plantas en la oscuridad, 29
    y auxina, 139
    y florecimiento, 25-26
    y fotoperiodicidad, 25-28
    y fotorreceptores, *véase* fotorreceptores
    y relojes circadianos, *véase* relojes circadianos
Lysenko, Trofim Denísovich, 159-162

Macbeth (Shakespeare), 37
madera, 11, 89
magnesio, 61-62
Mahall, Bruce, 70-71
maíz (*Zea mays*), 13, 74, 107, 111, *112*, 122
    sonidos que emanan de las raíces del maíz, 122
    y música, 111
manchas oculares o estigmas, 33n
Mancuso, Stefano, 119, 122, 172
manganeso, 61-62
manitol, 67-68
manzanas, 40-41
marchitamiento, 42, 64, 88, 90
McClintock, Barbara, 13
Meat Loaf, 111-112
mecanorreceptores, 81, 83, 99, 103
médula espinal, 81
    daños, 82
melocotones, 41
membrana celular, 82, 95, 115
memoria, 95, 149-170, 173, 177
    a corto plazo, 152-155
    a largo plazo, 152
    de la luz, 27
    de los traumas, 156-159, 165-168
    del frío, 159-165
    del invierno, 162
    en la arabidopsis, 167, 168
    en la Venus atrapamoscas, 87, 153-155
    en las plantas del guisante, 150-151
    episódica, 151, 170
    equilibrio entre recuerdo y olvido, 168
    formas y niveles, 151-152, 166, 169-170
    humana, 151
    inmunológica, 152, 169

morfogenética, 156
motora, 152
paralelismos entre la memoria
    vegetal y humana, 169
procedimental, 151-152, 170
semántica, 151, 169-170
sensorial, 152
transgeneracional, 165, 167
y cerebro, 151-152, 169
y conciencia propia, 137
y epigenética, 163-168
y olfato, 56-57
y proteínas, 152
y reacciones electroquímicas,
    153-155, 168-170
Mendel, Gregor, 13
mensajero secundario, 95
menta, 38
mentol, 38
Metamorfosis (Ovidio), 17
metilación, 163n, 164
método científico, 122
Miami University, 137
microondas, 18
microorganismos, 60, 62
Millay, Edna St. Vincent, 79
Mimosa pudica, 88, *89*, 89-90, 94,
    104, 118, 141, 172
    experimento de Darwin, 104
minerales, 60-64, 73-74, 77-78, 94,
    117, 135
miosinas, 116
Mitchell, Mitch, 107
mitocondrias, 89
molibdeno, 61
monitores de eventos cardíacos,
    82
movimiento, 118
    coordinación, 125-128
    de la arabidopsis, 142
    de la *Mimosa pudica*, 88-90, 118

de la Venus atrapamoscas, 83,
    84, 84-88, 118, 153-155, 168,
    172
en ausencia de músculos, 88-
    89
en la fotografía *time-lapse*, 141
en oscilaciones espirales, 140-
    147
estudios de Darwin, 140-142,
    142, 143-147
velocidad de movimiento, 141-
    142
y auxina, 65, 138-139
y bombeo de agua, 64, 90
y calcio, 94-95
y conciencia de la posición de
    las partes corporales, 128,
    140-141
y gravedad, *véase* gravitropis-
    mo
y las plantas como organismos
    sésiles, 31, 99, 118, 140
y luz, *véase* fototropismo
y pulvinos, 89-90, 94
y señales eléctricas, 87-90
Mozart, Wolfgang Amadeus, 109-
    112
muerte, conciencia tras la, 104-
    105
Muir, John, 125
murciélagos, 103n, 120-121
músculos, 96
    movimiento en ausencia de, 88-
        89
música, 101-102, 104-113, 117, 120
    clásica, 102, 107, 112, 117
    Muzak, 107
    rock y pop, 102, 106-108, 112
    y vibraciones, 119-120
musgos, 33n, 41

nanomotores, 116
nariz, 14, 37-39, 54, 56-57, 59-60, 127
National Science Foundation, 113
Nature, 98
nervio auditivo, 103
nervios, 95
   auditivos, 103
   gustativos, 60
   olfativos, 37, 57, 78
   propioceptivos, 128
   y tacto, 80-82, 88, 96, 99, 102, 127
neurobiología vegetal, uso del término, 172-173
neurorreceptores, 98, 169
neurotransmisores, 82
New York Times, The, 48, 102
New York University, 135, 169
Nicotiana tabacum, *véase* tabaco
nieve, 92
níquel, 61
nitrógeno, 61-62, 74-76, 83
Nobel, Premio, 75-76
nociceptores, 83, 96
Novoplansky, Ariel, 66, 68-69
núcleo, 89
nucleótidos, 113-115, 164
nutación, 110 y n
nutrición humana, 60, 62-63, 73
nutrición vegetal, 61, 73
   y agricultura, *véase* agricultura
   véase también fotosíntesis

Oakwood University, 87, 154
ocra, 105
Oenothera perennis (onagra), 120, 121
Ohio University, 91
oído, 102-103, 127
   interno, 102, 116-117, 127-128, 136
oído, sentido de, 101-123
   definición, 102
   en la comunicación, 117-118
   en los seres humanos, 101-105
   en situaciones peligrosas, 117
   escasez de estudios de investigación sobre el, 101
   oídos, 101-105, 127
   y cerebro, 103
   y evolución, 117-119
   y genes de la sordera, 116-117, 172
   y puntas radiculares, 119
   véase también sonidos
ojos, 127
   fotorreceptores, 19-20, 28, 32, 38
olfato, 14, 37-39, 54, 56-57, 59, 102, 127
   véase también olfato, sentido del
olfato, sentido del, 14, 37-39, 54, 56-57, 59, 102, 127
   definición, 37, 39
   en la comunicación, 45-55
   mecanismo de cerradura y llave, 38, 60
   sentimientos y recuerdos vinculados al olfato, 56-57
   y cerebro, 37-38, 57
   y *Cuscuta* (cabellos de capuchino) 41-45, 59, 147
   y etileno, 40-41, 57
   y gusto, 54, 59-60
   y maduración de frutas, 39-41, 57
   y nervios, 37-39, 57
   y receptores nasales en los seres humanos, 37-39, 54, 56-57, 59-60, 127

y vista, 37
olores, 55-57
mezclas de sustancias químicas en los olores, 38-39
onagra (*Oenothera perennis*), 120, *121*, 121
ondas:
electromagnéticas, 18-19, 31-32
luminosas, 18
radiofónicas, 18
sonoras, 102-103, 112-113, 123
medición, 103n
y arabidopsis, 122
ultrasónicas, 105n, 122
organismos unicelulares, 34-35, 116
orgánulos, 116
Orians, Gordon, 45-46
orugas, *30*, 45, 47, 150, 167
oscilaciones espirales, 140-147
Ostwald, Wilhelm, 75
otolitos, 127-128, 136, 138
otoño, 26, 31, 69n, 160, 162
Ovidio, 17
oxígeno, 41, 61, 67

pájaros, 101
papilas gustativas, 59-61
paracetamol, 83
patata, 11, 114
peces, 77, 176
pecíolo, 97-98
Penn State University, 43
pepino estrella (*Sicyos angulatus*), 80, *81*
peras, 39-41
perfume, 38, 44, 55-56, 120
perros, 103n, 176-177
Pfeffer, Wilhelm, 141
pH, 62

Phalaris canariensis (alpiste), 21, *21*
Pharbitis nil (campanilla o ipomea), *136*
Phaseolus lunatus (judía de Lima), 45, 49, *50*, 50, 52
Physiology and Behavior of Plants (Scott), 111
pingüinos, 118
pinos, 122, 149
Pisum sativum, véase planta del guisante
planta del guisante (*Pisum sativum*), 66, *67*, 119
experimento de Novoplansky, 66-68, *68*, 69-70
experimentos de Mendel, 13
y memoria, 150-151
plantas:
antropomorfización, 48, 72, 121, 174-176
carnívoras:
rocío de sol, 85
Venus atrapamoscas *véase* Venus atrapamoscas
criptogámicas, 33n
de día corto, 25
de día largo, 25, 69 y n
e interacción humana, 79, 169-170, 175
perennes, 164
y dependencia humana, 11-12, 89
Plantas insectívoras (Darwin), 85
plántulas de arce, 46
plátanos, 39-40, 55
población mundial, 73
Pocahontas, 150
poda, 156, 158
polillas, 120-121
polinizadores, 55, 119-121
Pollan, Michael, 55

210

Populus alba (álamo blanco), *47*
posición, 125-148
consciencia estática, 128
distinción entre arriba y abajo, 127-138, 140
equilibrio, 127, 128, 138, 143-144
suma de fuerzas, 147
véase también gravitropismo
potasio, 61, 74-75, 77, 82, 90, 98-99, 155
potenciales de acción, 82-83, 87, 90, 95, 103, 154-155
Power of Prayer on Plants, The (Loehr), 106
pretender, 69
primavera, 23, 26, 31, 55, 160, 162
Proceedings of the Royal Society of London, 88
propiocepción, 125-128
distinción entre arriba y abajo, 127-138, 140
proteínas, 19, 32, 38, 61-62, 75, 86, 89, 94-95, 98, 115-116, 152, 163n, 164, 169
miosinas, 116-117
y calcio, 93-95
y genes, 93-94
y memoria, 151-152
y nucleótidos, 114
protoplasto, 89
prueba del coeficiente intelectual, 171
pseudociencia, 122-123
psicología freudiana, 174
pulvinos, 89-90, 94
putrescina, 38

Quotations for Special Occasions (Van Buren), 149

raíces, 94
absorción de agua, 64-65
arquitectura, 63, 55, 172
comunicación entre raíces, 69
crecimiento hacia el agua, 65
de *Ambrosia*, 70-72
de la hierba búfalo, *71*, 72
de *Larrea*, 70-72
en comparación con el cerebro, 172
expansión, 69
gravitropismo en el crecimiento descendente de las raíces, 125, 129-138, 173
pelos radiculares, 116-117
recursos acuáticos y competencia entre raíces, 70-72
sentido del gusto, 60-65, 69
sonidos que emanan de raíces, 121-122
y el sonido del agua, 119
y estomas, 67-69
Raskin, Ilya, 54
rayos X, 18
reacciones electroquímicas, 93-95, 172
en la función cardíaca, 82-83
y comunicación, 98-99, 169
y memoria, 149-152, 168-170
y movimiento de las hojas, 87-90
y sensación, 81-82, 86-87, 97-99
receptores:
«cerebrales» en las plantas, 169
de glutamato, 169
del dolor (nociceptores), 83, 96
gustativos, 60
redes neuronales, 172
relojes circadianos, 34
en las plantas, 33-34
en los seres humanos, 33-34

Retallack, Dorothy, 106, *107*, 107-110 y n, 112-113
revolución verde, 76-77
Rhoades, David, 45-47
Rice University, 93
robles, 64, 122, 149, 164, 177
rocío de sol (*Drosera rotundifolia*), 85
rodopsina, 19-20, 28
Royal Institution of Great Britain, 88
Royal Society, 88, 129
ruido, *véase* sonidos

«saber», uso del término por parte del autor, 13
sabores, 59-60
   ácido, 60
   dulce, 60
   véase también gusto, sentido del
Sachs, Julius von, 20, 65, 141
sal, 94, 167
salicilato de metilo, 53-55
Salisbury, Frank, 90-91, 112
Salix alba (sauce blanco), *46*
   véase también sauce
salud, 174
Sapir, Yuval, 120
Sarasota Herald-Tribune, 48
sauce, 45, 47, 150
   blanco (*Salix alba*), *46*
   corteza, 53
sauce blanco (*Salix alba*), *46*
scarecrow, genes, 134 y n, 135
Schultz, Jack, 46-47
Schwartz, Gary, 104-106
Science, 45, 57
Scott, Peter, 111
secuenciación del genoma, 113-117
semillas, 75-76

dispersión, 41
germinación, 105, 111-112, 160
sensación, *véase* tacto, sentido del
sentidos, 11-15
   véanse también los sentidos específicos
sentidos de las plantas, 11-14
   paralelismos entre los sentidos animales, humanos y vegetales, 11-12, 14
   terminología, 13-14
   véanse también los sentidos específicos
sentidos humanos, paralelismos con los sentidos de las plantas, 11-12, 14
   véanse también los sentidos específicos
señalización luminosa, 45-55
sequía, 41, 65-69, 122, 149, 175
sexto sentido (propiocepción), 123, 126-128, 140
Shakespeare, William, 37
Shidareasagao, cultivar, 135
Sicyos angulatus (pepino estrella), 80, *81*
Sievers, Andreas, 153-154
sistema inmunitario, 53-54
   memoria del, 152
sistema nervioso, 13, 32, 39, 80-81
sodio, 60, 82
soja, 25, 75
Solanum lycopersicum, *véase* tomate
sonar, 103n
sonidos:
   de insectos, 120-121
   del bosque, 101
   generados por plantas, 122
   música, *véase* música
   relevantes para las plantas, 117-123

tono, 102-103
volumen, 102-103
y expresión genética, 122
véase también oído, sentido del
sordera, 113, 116-117, 172
Sound of Music and Plants, The (Retallack), 106
Stanford University, 93
Stolarz, Maria, 142
sudor, 57
suelo, 94
  cata por parte de las raíces, 60-66, 69
  contenido en agua, *véase* agua
  pH, 62
  y agricultura, *véase* agricultura
sufrimiento, 175
superego, 174
sustancias:
  fitoquímicas, 53
  químicas fenólicas, 45-47
  químicas tánicas, 45-47

tabaco (*Nicotiana tabacum*), 23, *24*, 54, 150
mamut de Maryland, 23-25
tabique celular, 89-90, 94
tacto, sentido del, 80-82, 88, 96, 99, 102, 127
  dolor, *véase* dolor
  e inhibición del crecimiento, 80, 91-93, 111-112
  en el cardo, 91
  en humanos, 80-83, 96
  lacerar una hoja, 96-99
  mecanismos parecidos a los nervios, 98-99
  similitudes y diferencias entre el dolor animal y vegetal, 80, 99

y arabidopsis, 92-94, 96, 99
y calcio, 90
y cerebro, 80-83, 96
y discos de Merkel, 96
y emociones, 80, 96-99
y enredaderas, 80, 147-148
y estresores ambientales, 92
y genes, 93-96, 111
y la Venus atrapamoscas, 79-80, 83-87, 153-155
y nervios, 80-82, 88, 96, 99, 102, 127
y sensibilidad, 80, 88
y subjetividad, 96
tagete o caléndula (*Tagetes erecta*), 109, *109*, 110
Tagetes erecta (tagete o caléndula), 109, *109*
Takahashi, Hideyuki, 145
TCH, genes, 93-95, 111
tensiones ambientales, 165-166
  «advertencias» de las plantas relativas a, 45-48, 50-53, 66-67, 97-98
  recuerdo de las, 156-159, 165-168
sequía, 64-70
táctiles, 92
variaciones genéticas provocadas por tensiones ambientales, 165-168
testosterona, 57
Thellier, Michel, 158-159
Tigmomorfogénesis, 92, 150
tomate (*Solanum lycopersicum*), 37, 42-44, 53, 59, *97*
y *Cuscuta* (cabellos de capuchino), 41-42, *43*, 43-45, 53, 57, 59, 126, 138-139, 147
y laceraciones, 96-97

213

Tompkins, Peter y Christopher Bird, *La vida secreta de las plantas*, 14, 110 y n, 111
tono, 103 y n
topos, 160
Trewavas, Anthony, 171-173
trigo (*Triticum aestivum*), 161
cepas enanas, 75-76
domesticación, 74
invierno, 160
movimiento, 142
y *Cuscuta* (cabellos de capuchino), 44-45, 59
y fertilizante, 76
Triticum aestivum, *véase* trigo
Tulving, Endel, 151-152, 170

umami, 60
Unión Soviética, 159-160, 162
Universidades:
de Arizona, 104
de Australia Occidental, 119
de Berna, 122
de Bonn, 154, 172
de California en Santa Barbara, 70
de Edimburgo, 171
de Florencia, 119, 172
de Lausana, 98
de Leeds, 96
de Ottawa, 105n
de Ruan, 158
de Tel Aviv, 65, 118
de Washington, 45
Rutgers, 54
University College de Londres, 86

Van Buren, Maud, 149
Venus atrapamoscas (*Dionaea muscipula*), 83, *84*, 84-88, 118, 153-155, 168, 172
y memoria, 87, 153-155

ver, *véase* vista, sentido de la
VERITAS, programa de investigación, 104
vernalización, 161-163
vestíbulo, 127
Vicia faba (judía), experimentos de Darwin con plántulas de, 131-132, *132*
viento, 92
visión, *véase* vista, sentido de la
vista, sentido de la, 14, 17-35, 173, 175-177
definición, 18, 32
diferencia entre el olfato y la vista, 37
diferencias entre plantas y humanos, 31-35
evolución, 31-35
fotorreceptores, *véase* fotorreceptores
ojos, 19-20, 28, 32, 38
percepción del color en las plantas, 25-28
percepción del color en los humanos, 17-20
y ceguera, *véase* ceguera
y cerebro, 18-20, 32
véase también luz
Volkov, Alexander, 87, 154-155
volumen, 102-103
VortexHealing, 105n
vuelos espaciales, 137-138, 144-146

Washington, D.C., 162
Weinberger, Pearl, 105n
Windsor Star, The, 48

Xanthium strumarium (cardo), 90, *91*
xilema, 62-64, 122, 135
yemas apicales, 156, *157*, 158

Yeungnam, Universidad de, 121
Yovel, Yossi, 120-121

zanahorias, 63
zarcillos y enredaderas, 41, 43, 51, *51*, 55, 80, 126, 147, 150-151, 168

Zea mays, *véase* trigo
Zeugin, Fabienne, 122
zonas:
    hipóxicas, 77
    muertas, 77
Zweifel, Roman, 122